うか
日香

HI, MY TEACHER! I WANT TO START TO DRINK WINE!

先生、ワインはじめたいです！

Introduction to wine
for beginners

大和書房

今日ははやく仕事をおえられたゾー
久しぶりに自炊して…
お買い物♪
お!
wine
ワインだ
たまにはちょっとフンパツして2000円くらいのワインでも買ってみようかな
……
えーとえーと
何を選べばいいのか全くわからん
い…いつも飲んでるのがたしか、重めがスキだから…カベルネとかいうやつ…?
んー
でもいつもと一緒じゃつまんないし

ええい！
もうこれで
いいや！
THE
ジャケ買い
じゃーん
イエーイ
プチ豪華な
自宅飲み～！
フフフフ…
唯一作れる
ローストビーフと
あとはお惣菜に
してやった…
まあ1人ですし
ネコはいるが
と、いうわけで…
スッ
カンパーイ!!
ゴキュ
ん…
な…
なんか
甘い？
うーん…おいしいけど
ごはんに合わない

せっかくちょっといつもより豪華にしたのに……！
失敗するなんてくやしい!!
うまそーニャー
チュー
でも飲む
はぁぁぁ
でも…なんかワインっていいよね
いつも缶チューハイだし
ちょっと大人の女って感じで…
ちょっといいお店に行って
いらっしゃい
マスター
○○の○○○○ちょうだい
美化130%の自分
いつもより少し渋いのがほしいわ…
かしこまりました

うん…
わるくないな…
普段もおいしくワインをいただき
特別な日もより
ステキに
よし！
ちょっくらワインを
たしなみますか！
キュピーン
えーと
今日買った
ワインは…
アメリカ産？
ブドウ品種が…
読めない…？
ハッ
そういえば
知り合いが
ワインのプロ
だったような！
ヘルプミーー!!
酔ってる

なーんだ
酔っぱらって勢いで
メールくれたのねー！
ワイン研究家
杉山明日香先生
1回しか会ったこと
ないからびっくり
しちゃったー!!
ほんっとぉに
ごめんなさい！
このとおり!!
ソムリエの先生に
なんつー気軽な連絡を…
バン‥
バン
でもワインに興味を
持ってくれたっていうのは
嬉しいなぁ
ワインの世界は
楽しいゾ

毎日飲むワイン、自分好みのものを選べるようになりたいです！
できるだけ安くて気軽なやつ
ワイン研究家として各方面で活躍し、進学予備校で数学を教える明日香先生。まさに教えるプロ！
んーまぁ いいかもね
１０００円台ならあるかなー
でも最近は５００円以下のものもありますよね
安ければ安いほど助かるんですが…
あー…あれはねギャンブルみたいな部分もあって…

輸入ワインを船で運ぶ場合、季節や航路によっては船内が60℃以上になって
60℃〜
ワインの品質が変わってしまう場合があるのよね…
一方、きちんと温度管理をして運ぶと1本あたり300〜500円の輸送コストがかかるし税金や倉庫での保管料などもかかるから状態の良いワインは1000円を超える場合が多いの
なるほど…おいしいワインに出合う近道は、1000円以上から探すことなんですね！
でも…
1000円台もけっこう多い!!
1600 1500 1200 1980
あと白も赤もあるし、国もいろいろだしブドウ品種もいっぱいあるしですね…
シラー
シャルドネ
そもそも時々産地の名前なのかブドウの品種名なのかわからないときがあるくらい
まあ、落ち着いて

いろいろ勉強しなくても
ワインの本も いろいろ ありすぎて
おいしい自分好みのワインを見つけられるコツってないですか? わたし、カタカナ苦手なんで
勉強っていうより飲みながら楽しめばいいだけなんだけど…
えー
でも失敗したくない
1000円台でも出費は出費
クド クド クド
やっぱワインの世界は難しいですよねー わたし地理とか苦手ですし… そんなカンタンな方法…

いや、
実はあるのよ
おいしいワインを
選ぶための
2つのポイント！
え、あるんですか！
暗記なし!?
暗記
するほど
でも
ないくらい
それは…
品種と産地
をおさえること!!

contents

LESSON 3

理想のワインの見つけ方

LESSON 4

ワイン×料理! マリアージュは幸せの味

LESSON 5
もっと！ おうちでワインを楽しみたい！

LESSON 6

お店でワインを注文してみよう！

column

LESSON

1

ワインのキホン

そもそもワインってどうやって造るの?

先生!ではさっそく おいしいワインを選ぶ 2つのポイントについて
なるべく簡単に!!
くわしく教えてください!
まあまあ そんなに焦らないで
まずはワインの基礎知識を説明するわね
ばんっ
本!!
げ
難しそう
お酒がスキなら カンタンです!

とは言っても
お勉強になったら
つまらないから
飲みながら話をしましょ
スチャッ
ワインの味わいや
香りについても
ざっくり知っておくことが
大切だしね
わーい
ワインが飲める！
…とその前に
クイズです
え…
ワインの造りかたって
知ってる？
ブドウを潰して
腐らせる？
おしい！
ブドウがそのまま
ワインになる
そこは正解！

豆知識

ワインの分類の中で泡があるものを「スパークリングワイン」、泡がない通常の赤ワイン、白ワイン、ロゼワインを「スティルワイン」という。

ブドウに含まれる糖が
アルコールと二酸化炭素に
変化するの
ブドウの糖分
アルコール発酵
アルコール
二酸化炭素
加水なし
ブドウ自体の水分がそのまま
ワインになるのが特徴ね
同じ醸造酒の
ビールや日本酒は
原料の
大麦や米そのものに
水分がほぼ無いから
加水する必要があるわ
白と赤の
造りかたにも
違いがあってね
え!! 知らなかった!!
まずは
ブドウ自体の違い
赤ワインは黒ブドウ
から造られて
白ワインは白ブドウ
から造られてるの
赤ブドウじゃないんだ

豆知識

その他に、蒸留酒を添加した「フォーティファイドワイン（酒精強化ワイン）」や薬草などで香りづけをした「フレーヴァードワイン」がある。

白ワインのざっくりとした造りかた
白ブドウを潰して
皮と種を取り除いてからアルコール発酵させる
発酵
完成!!
赤ワインのざっくりとした造りかた
黒ブドウを潰して
皮と種を一緒に漬けておく
アルコール発酵させてから
皮と種が上に上がってくるのでかきまわして漬け込む
発酵
皮と種を取り除く
トル
大きな違いは白ワインは皮と種を取り除いてから発酵させるってこと
だからすっきりとして飲みやすいわね

02

熟成の工程で味わいが変わる

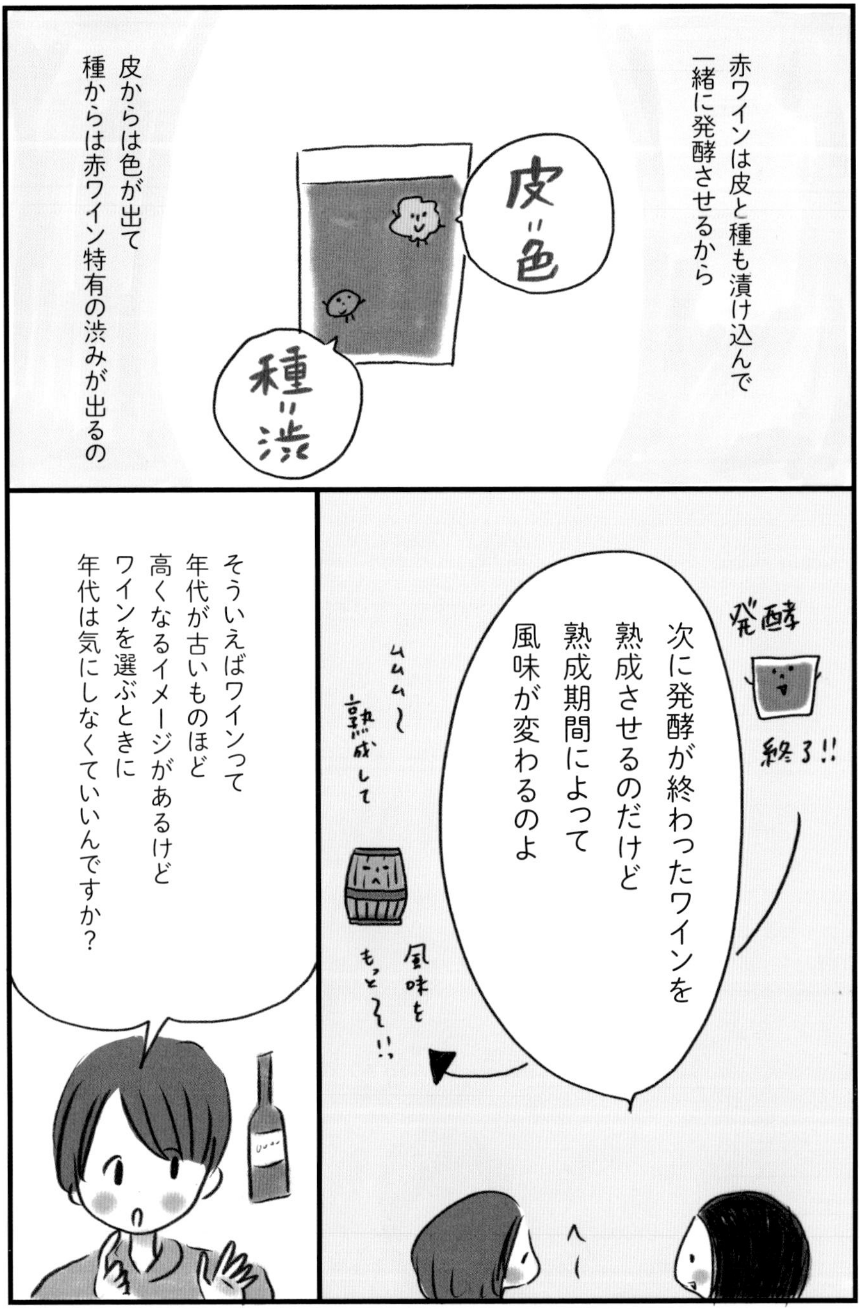
赤ワインは皮と種も漬け込んで
一緒に発酵させるから
皮=色
種=渋
皮からは色が出て
種からは赤ワイン特有の渋みが出るの
発酵
終了!!
次に発酵が終わったワインを
熟成させるのだけど
熟成期間によって
風味が変わるのよ
ムムム〜
熟成して
風味を
もっと〜!!
へ〜
そういえばワインって
年代が古いものほど
高くなるイメージがあるけど
ワインを選ぶときに
年代は気にしなくていいんですか?

豆知識

赤ワインの発酵温度は 30 度前後。白ワインは 20 度前後。発酵温度が高いと酵母の動きが活発になるほか、皮や種からの成分が抽出しやすくなる。

ワインは
古ければ古いほど
おいしくなる
というわけではないの
若いほうが
おいしい
3年
もっと
熟れ
させて
10年
長期間の熟成に向いている
ポテンシャルがある
ワインもあれば
3年でおいしさのピークを
迎えるワインもあるわね
あとは当たり年
っていうのもあって…
つまり年代で
ワインを選ぶのは
上級者編って
ことになるわ
だからこれだけ
覚えて
おいて!!
ワインのおいしさの
ピークはそれぞれ！
あ！
でも樽については
知っておいたほうが
いいな
樽？
現代でも
木の樽ですか？
そう
ワインを熟成・保存する樽

実はワインの色と香りにはブドウだけじゃなく樽も影響してくるの
影響の少ないステンレスタンクで熟成させることもあるけど
影響
タルの中
1年
2年
3年
タルに2年3年…で色も変わってタル香がうつったり
へー
樽で保存すると香ばしい香りがついたり色が深くなったり意識して飲んでいるとわかるようになるわ
へー今まで意識してなかった
樽保存
色深
香深
= Power UP!!
タル香に
色味かー
渋みとか樽の香りとかワインは造りかたが味にダイレクトに影響するんですね
造りかた
渋み
香り
えっへん
うーん そう考えると
なかなか複雑……
そのとおり!
ん
でも香りってムズかしい
意識して飲むだけでも変わってくるわよ!
そんなハナよくない

豆知識

白ワインは赤ワインよりも香りの重要度が高いので、香り成分が揮発してしまうのを減らすために、赤ワインよりも低温で発酵させることが多い。

教えて！明日香先生！①

世界で飲まれるワインの量は？

ワインの世界には国際ブドウ・ブドウ酒機構（OIV）という機関があって、毎年ワインに関する統計データを集計・公開しています。そのOIVデータより、2019年に公開された統計の一部をご紹介しましょう。

2018年の世界のワイン生産量は約3億hL（hL＝ヘクトリットル。ヘクトは100倍を表す単位なので、3億hL＝300億リットル！）。生産量第1位の国はイタリアで、2位がフランスです。1位と2位が入れ替わることはあっても毎年ほぼこの2カ国で、なんと世界のワイン生産量の約1／3を占めているんです！3位はいつもスペインで、このスペインまで含めた3カ国がワイン大国として知られています。4位はアメリカで、アルゼンチン、チリ、オーストラリアと続きます。8位はドイツ、9位は南アフリカなのですが、10位にランクインしているのは驚きの中国！ 中国にはワインのイメージがあまりないという方が多いのではないでしょうか？ 実は、近年中国でのワイン生産には勢いがあるんです。

続いて消費量を見てみましょう。2018年の世界のワイン消費量は約2.5億hL。こちらで過去5年にわたり1位にいるのはアメリカ。2位はフランス、3位はイタリアで4位はドイツです。広大なアメリカで、ワインの生産されるエリアは比較的限られているものの、消費量は不動の1位。2位のフランス、人口はアメリカの約1／5なので、1人当たりの平均ワイン消費量はアメリカの5倍！ さすがは「ワインの国のフランス」です。5位は中国で、英国、ロシアと続きます。

ちなみに日本は生産量ではランク外なものの、消費量では16位にランクイン。私たちがたくさん飲んで、どんどん盛り上げていきたいですね！

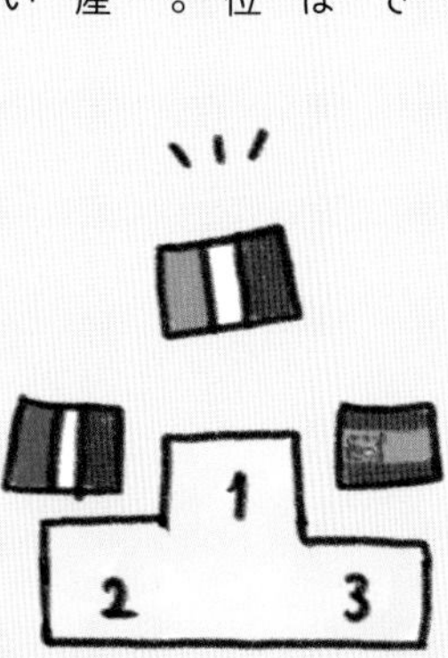

教えて！明日香先生！❷

フランスのワイン産地について知りたい！

ワインの代表国といえば、やはりフランス。中でも有名なのがボルドー地方とブルゴーニュ地方の2大銘醸地で、ワインをあまり飲まない方でもこの地名は聞いたことがあるはずです。

フランスのワイン生産地は10に大別され、地方ごとの気候や土壌に適したブドウ品種から様々なワインが造られています。ここではごく簡単にですが、各産地をご紹介しましょう！

①シャンパーニュ地方

スパークリングワインの代名詞とも言える最も有名で高級な泡「シャンパーニュ」が造られる地方です。フランスの最北に位置するワイン産地で、冷涼な気候のため、毎年安定したブドウの収穫ができなかったことから、異なる収穫年のワインをブレンドし、泡にする製法が発展しました。

②アルザス地方

フランス北東部、ドイツと国境を接する産地。リースリングやゲヴュルツトラミネールなど、ドイツでも多く栽培されている品種からの白ワインの名産地です。

③ロワール地方

フランス北西部、全長1000㎞を超える国内最長のロワール河沿岸の産地。東西に長く広がっているので地区により気候も土壌も異なり、個性豊かなワインが造られます。

④ブルゴーニュ地方

フランス北東部に位置する、ボルドーと並ぶ銘醸地。冷涼な気候とミネラル豊富な土壌から、洗練された味わいの赤（ピノ・ノワール中心）・白（シャルドネ中心）ワインが造られます。高級赤ワインの代名詞であるロマネ・コンティをはじめ、ボージョレ・ヌーヴォーまで、数多くの有名ワインを生み出しています。

⑤ジュラ・サヴォワ地方

スイスとの国境であるジュラ山脈の南側に広がる産地。赤・ロゼ・白のほかに、この地でのみ特殊な製造法で造られる、ヴァン・ジョーヌ（黄色のワインの意）やヴァン・ド・パイユ（藁ワインの意）もあります。

⑥ボルドー地方

フランス南西部に位置する、カベルネ・ソーヴィニョンやメルロを中心とした、骨格のしっかりとした赤ワインの銘醸地。シャトー・ラトゥール、シャトー・マルゴーをはじめとする〝5大シャトー〟が有名です。

⑦南西地方

ボルドー地方の東からスペインとの国境となるピレネー山脈にかけての一帯。〝黒ワイン〟とも呼ばれるほど濃厚な赤ワイン〝カオール〟が有名です。

⑧ラングドック・ルーション地方

地中海沿岸に広がるフランス最大のワイン産地。赤・ロゼ・白のほか、天然甘口ワイン（ヴァン・ドゥー・ナチュレル）、リキュールワイン（ヴァン・ド・リキュール）といったアルコール度の高い、酒精強化ワインの産地としても有名です。

⑨ローヌ地方

フランス南部、南北に流れるローヌ河の両岸に広がる産地。北部ではシラーを中心とした、南部ではグルナッシュを中心とした赤ワインが多く造られています。

⑩プロヴァンス地方・コルス島

プロヴァンス地方は、マルセイユ、ニースなどが位置する地中海沿岸の産地で、フランス最大のロゼワインの産地でもあります。コルス（コルシカ）島は地理的にフランスよりもイタリアが近く、文化的にもイタリアの影響の強い地域です。

フランス ワインMAP

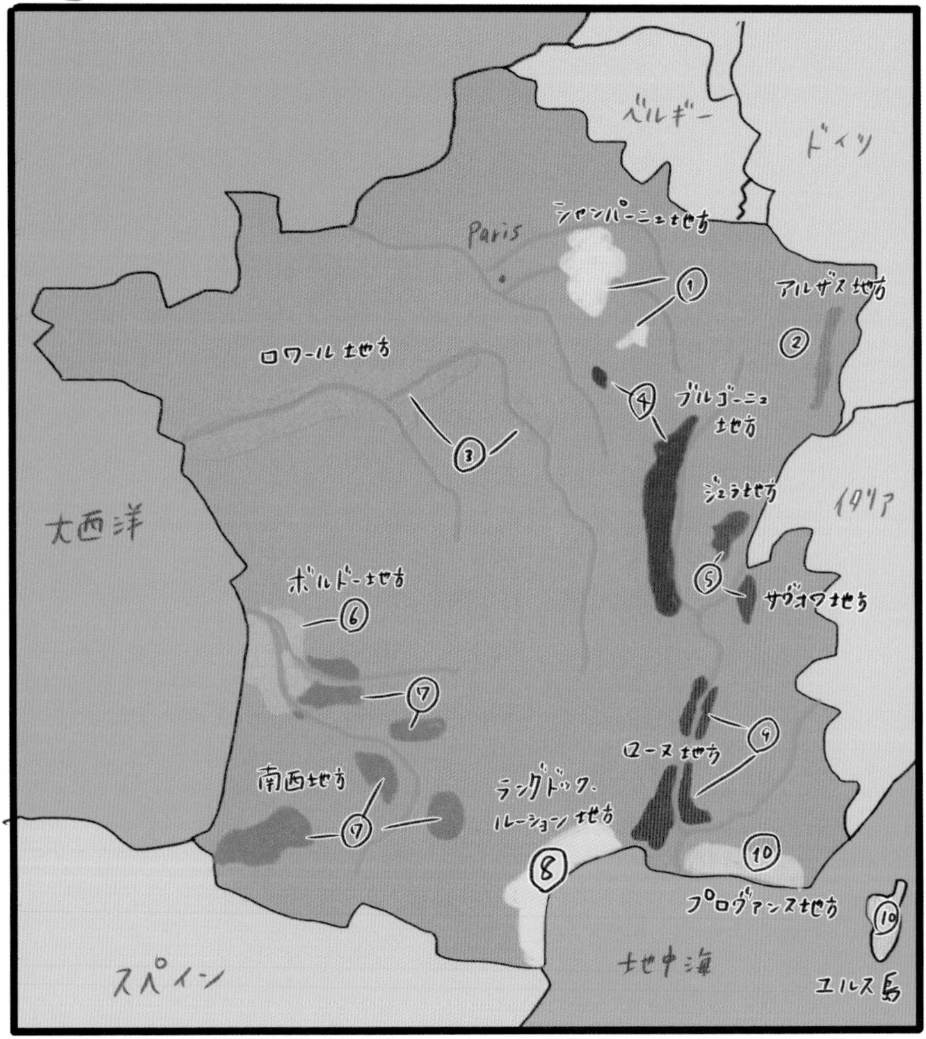

ベルギー
ドイツ
Paris
シャンパーニュ地方
①
アルザス地方
②
ロワール地方
③
④
ブルゴーニュ地方
ジュラ地方
イタリア
大西洋
⑤
サヴォワ地方
ボルドー地方
⑥
⑦
⑨
ローヌ地方
南西地方
⑦
ラングドック・ルーション地方
⑧
⑩
プロヴァンス地方
⑩
地中海
スペイン
コルス島

LESSON

2

飲み比べで
自分の好みを知ろう

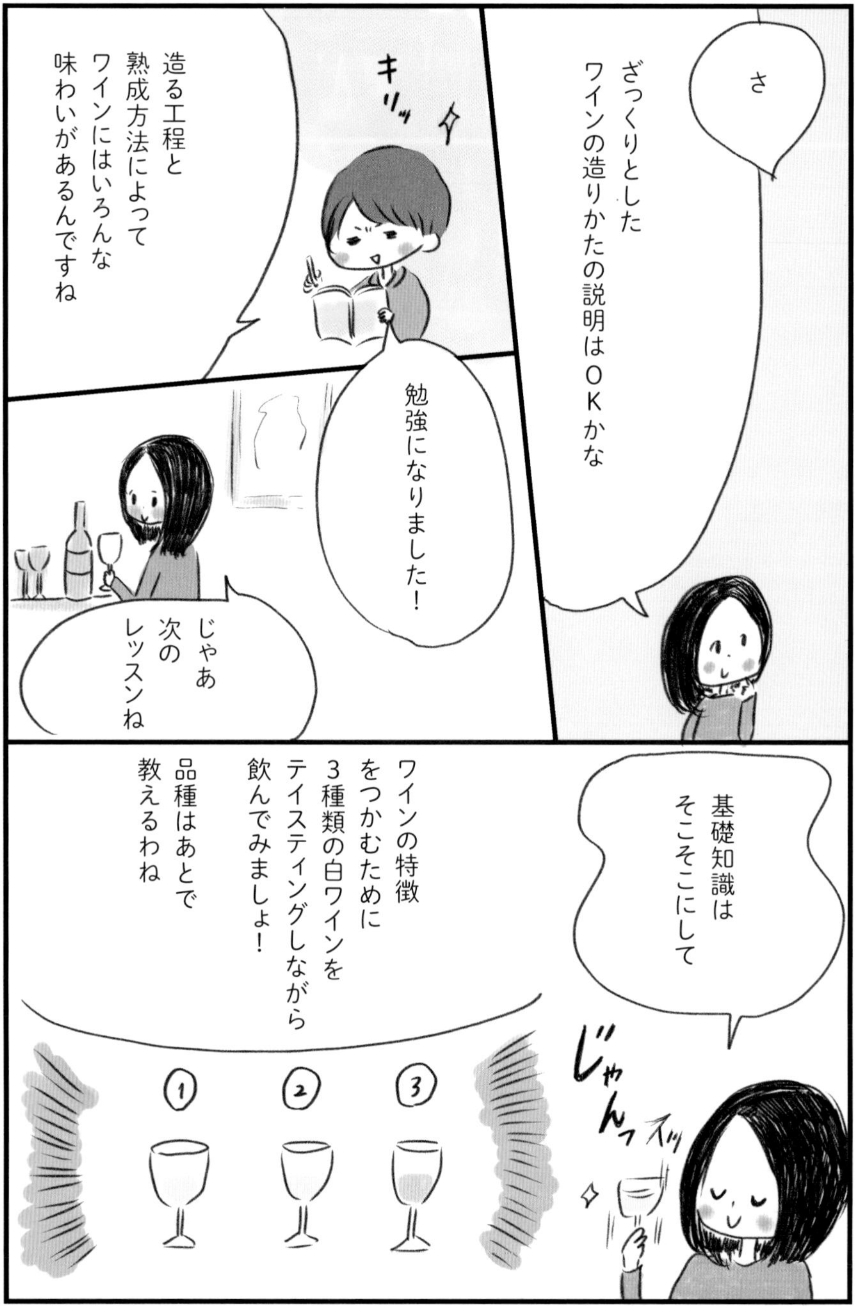
さ
ざっくりとした ワインの造りかたの説明はOKかな
キリッ
造る工程と熟成方法によってワインにはいろんな味わいがあるんですね
勉強になりました！
じゃあ次のレッスンね
基礎知識はそこそこにして
ワインの特徴をつかむために3種類の白ワインをテイスティングしながら飲んでみましょ！
品種はあとで教えるわね
じゃんっ
スッ
①
②
③

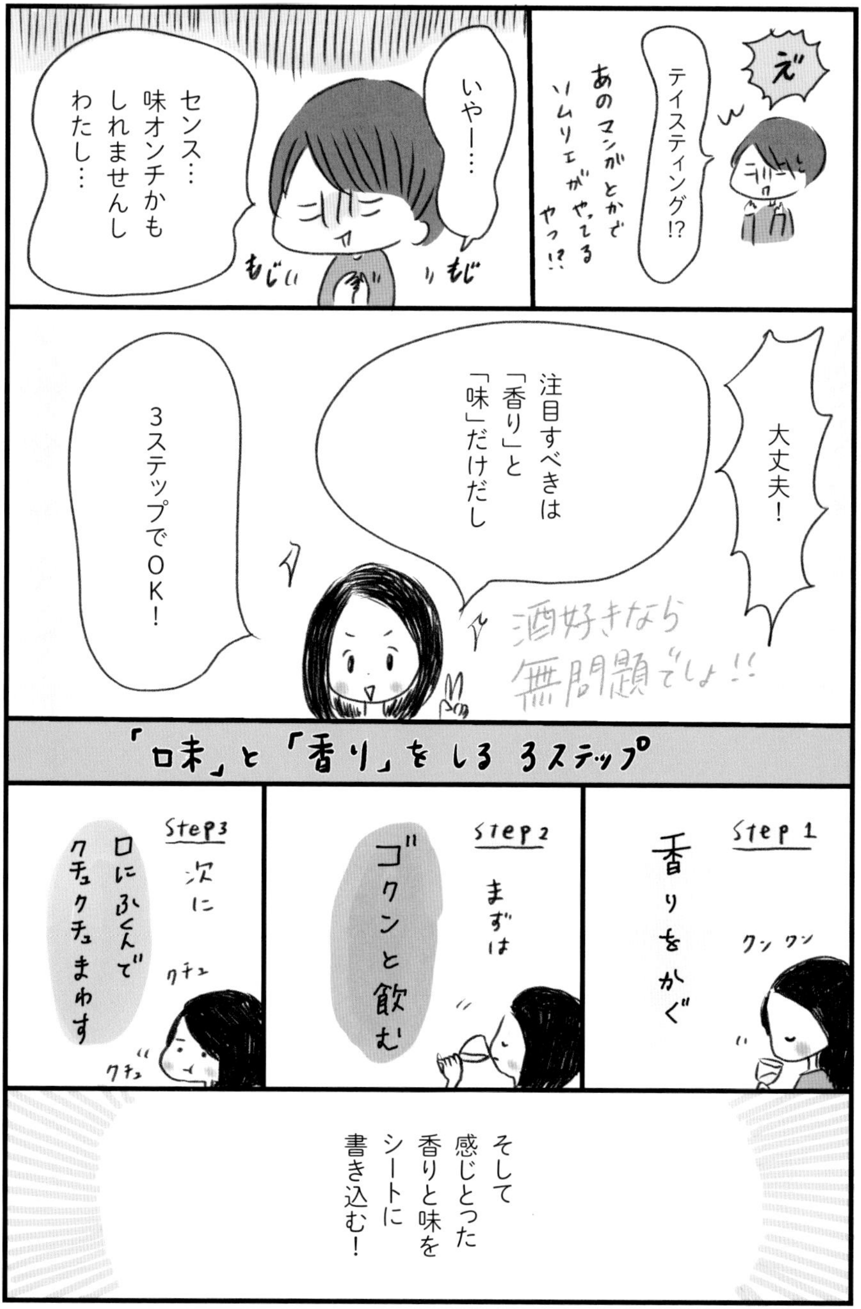
え゛
テイスティング!?
あのマンガとかでソムリエがやってるヤッ!?
いやー…
センス…味オンチかもしれませんしわたし…
もじ
もじ
大丈夫!
注目すべきは「香り」と「味」だけだし
3ステップでOK!
酒好きなら無問題でしょ!!
「味」と「香り」をしる 3ステップ
Step 1
香りをかぐ
クン クン
Step 2
まずは
ゴクンと飲む
Step3
次に
口にふくんでクチュクチュまわす
クチュ
クチュ
そして感じとった香りと味をシートに書き込む!

白ワイン のテイスティングシート

品種	
生産地	
香り	ライム　レモン　グレープフルーツ　リンゴ 洋ナシ　白桃　ライチ　アプリコット パイナップル　パッションフルーツ メロン　バナナ　白バラ　キンモクセイ　ミント トースト　ナッツ　ヴァニラ　タバコ　石灰　貝殻 白胡椒　コリアンダー　シナモン　バター　花の蜜
酸味	シャープな　しっかりとした　さわやかな　やさしい
果実味	豊か　しっかりとした　ソフトな　やさしい
感想	（例） ・軽くて、さわやかな印象で飲みやすい ・香り豊かで、しっかりとした果実味があり飲みごたえがある など

香りがこんなにたくさん!
キャー
直感で3つくらいマルをつけて
ここにない香りでもOK!

①
くんくん
②
んー
③
んー
??
うん
白ワインの味と
香りだわ
何となくちがうけど
どう？
最初は香り
うーん
たくさんかぎすぎて
わからなくなりました
あ、
香りがわからなくなったら

香りを
リセットするとき
スン スン
自分自身の匂いが一番ナチュラルな香りだから、自分の手首の香りをかぐといいわよ!
へー
よし!
リベンジ!!
①いきます!
がんばって!
スー
さわやか…
これは森…?
ううん、青…青…
青リンゴ!?
カッ

あ… 青リンゴが よぎりました
ワーイ
あと… ライム！
そうそう 柑橘系の… レモンや 青っぽい香りが あるわね
あと石灰も
石灰？
スー
ワカリマセン
まあだんだん わかってくるかな
次は②を 白桃や洋ナシの香りで ①よりも甘いわね
石灰、バターも
？
すごい… 1杯のワインから たくさんの 香りが…
最後の③は
あ、待って ください！
個くらい当てたい

くんかくんか
さっきより…甘い？
バナナみたいな濃厚な甘い香りとちょっと焦げたような樽の香りがするわね
え　バナナ？
最初は「甘い」とか「青っぽい」とかなんとなくわかればＯＫ
だんだんわかってくるかも
でも確かに比べてるとだんだんわかってくるような…
白ワインの香り
花（華やか）
フルーツ（果実味と酸味）
植物（清涼感）
スパイス
樽の香り
乳製品（発酵）
ナッツ

豆知識　ワインのラベルのことをフランス語で「エチケット（étiquette）」といい、原産地名や生産者の名前のほか、収穫年やアルコール度数などが記されている。

味わいは「酸味」と「果実味」で決まる

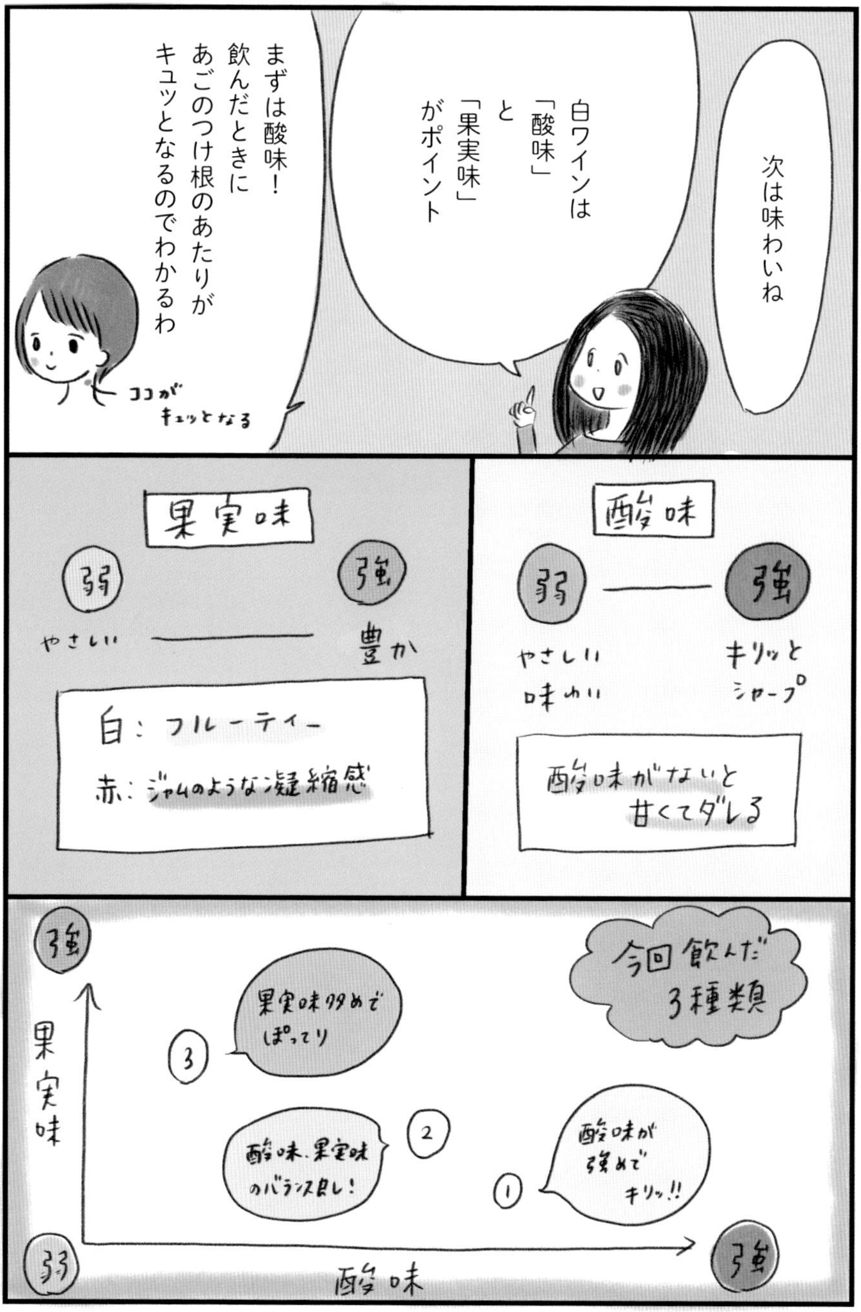

あともうひとつ
苦味！
苦味!?
飲みこんだあと舌に何か残る感じがあるでしょ？それが苦味
んべ
苦味↓コク
そしてワインの苦味はコクに変わるの
苦味はコク
この2種類
① ブドウがよく熟したもの
② 熟成に使った樽からくるもの
では答え合わせね
はい!!
知ってる品種かなあ
実はこの3つのワインどれも全部「シャルドネ」という品種なの
!?
全部シャルドネ!!
Chardonnay

04

産地が変わると味わいも変わる

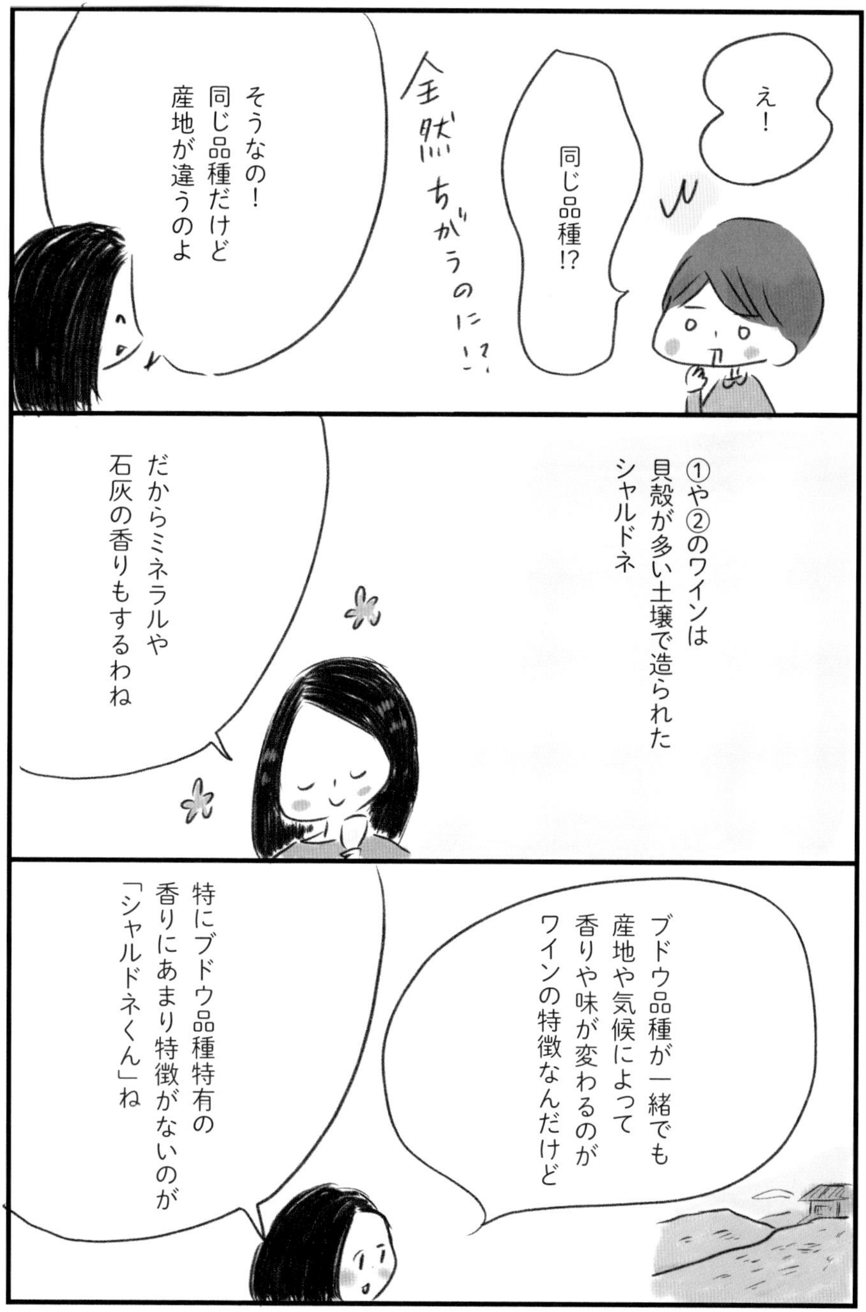

え！
同じ品種!?
全然ちがうのに!?
そうなの！
同じ品種だけど
産地が違うのよ
①や②のワインは
貝殻が多い土壌で造られた
シャルドネ
だからミネラルや
石灰の香りもするわね
ブドウ品種が一緒でも
産地や気候によって
香りや味が変わるのが
ワインの特徴なんだけど
特にブドウ品種特有の
香りにあまり特徴がないのが
「シャルドネくん」ね

豆知識

シャルドネはフランス・ブルゴーニュ地方原産の有名な国際品種。最初にシャルドネを飲み比べると酸味や果実味の強さなど、自分の好みを掴みやすい。

シャルドネ…くん？
あ、ごめんなさい
わたし白ワインは
男性で例えてるの
シャルドネくんは
育った場所によって
味が変わる
「あなた色に染まります♡」的な
素直な子よ
あなた色に
染まります♡
まあ…
今ドキで
モテそうですね
でしょー！
こ…
こんな感じ？
シャルドネくん
ポワーン
貝などの
土地
や
気候
によって変化する
変幻自在男子
特徴なんて
ないよー

豆知識　ブドウが育つ土壌や気候のことを「テロワール」と呼ぶ。シャルドネはブドウ品種そのものの特徴が少ないため、テロワールの影響が出やすい。

ワインの味は品種×産地で決まる

1. ライムなどの柑橘の香り。青リンゴのような果実味があり、シャープな酸味とミネラル感が特徴。
2. レモンのような柑橘の香り。リンゴや洋ナシ、白桃のようなやさしい果実味と、心地よい酸とミネラル感が特徴。
3. トロピカルフルーツ系の香りや樽由来のココナッツの香り。しっかりとした果実味も特徴。

品種 シャルドネ

×

産地

1. フランス ブルゴーニュ地方 シャブリ地区
2. フランス ブルゴーニュ地方
3. アメリカ・カリフォルニア州

=

05

個性豊かな白ワインたち

では次は シャルドネくんと真逆で ブドウそのものの 香りに特徴のある 3種を用意しました！
じゃーん
④ ⑤ ⑥
産地
ニュージーランド
フランス (アルザス地方)
フランス (アルザス地方)
品種
ソーヴィニヨン・ブラン
リースリング
ゲヴュルツトラミネール
まずは香りをかいでみて
④
いい香り！
わ!!
フルーツ!?
⑤
な…なにこれ
オイル？
⑥
ん〜 甘みスッキリ 華やか〜
スーッとする
すごい！ 3つとも個性豊かですね
た…たのしい!!
香りだけでこんなにワインが違うなんて!!
うんうん 飲んでみて

ん〜
な…なんか!
感覚が
研ぎ澄まされる
イメージ!
最初は「ワインだな」くらいしか感じなかったのに
甘っ
青リンゴー
酸
貝
苦
脳内
こんなに
感じるように
1杯でこれだけ楽しめるなんて
高いワインですか!?
ボトルで1000円台よ
リーズナブルでしょ?
安い!

06

赤ワインは白よりも複雑？

では次は赤ワインを飲んでみましょ♪
ぺらっ
これが赤ワインの香り一覧よ
ん？別のシート
ベリー系…お花…
ほうほうなるほどー
ドライハーブ 血液 ヴァニラ シナモン 丁子…
え…全然ちがう!!
赤ワインは白ワインより長く熟成するから色々な要素が絡み合うのよね
樽の差なんかはわかりやすいかも
どの国の樽を使うかによっても味が変わるの！上品で繊細な香りと味わいになるフレンチオークを使った樽とココナッツのような甘い香りになるアメリカンオークを使った樽があるわ

豆知識　赤ワインの香りを表現するフルーツはラズベリー、野イチゴ、ブルーベリー、カシス、ブラックチェリーなど、ワインの色とリンクすることが多い。

赤ワイン

のテイスティングシート

品種	
生産地	
香り	イチゴ　ラズベリー　ブルーベリー　カシス ブラックチェリー　干しプラム　ピーマン　バラ スミレ　ローリエ　杉　ドライハーブ　タバコ 紅茶　キノコ　腐葉土　なめし皮 コーヒー　チョコレート　ヴァニラ　黒胡椒　シナモン
酸味	シャープな　しっかりとした　さわやかな　やさしい
果実味	豊か　しっかりとした　ソフトな　やさしい
渋み	力強い　しっかりとした　キメ細かい　サラサラとした
感想	（例） ・軽やかで心地の良い酸味があり、飲みやすい ・果実味とタンニンがしっかりあって、重厚 など

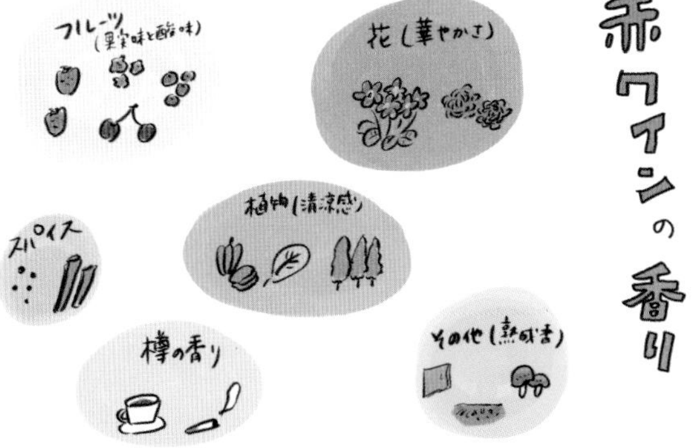
赤ワインの香り
フルーツ（果実味と酸味）
花（華やかさ）
スパイス
植物（清涼感）
樽の香り
その他（熟成香）

07

赤は白にはない「渋み」がポイント

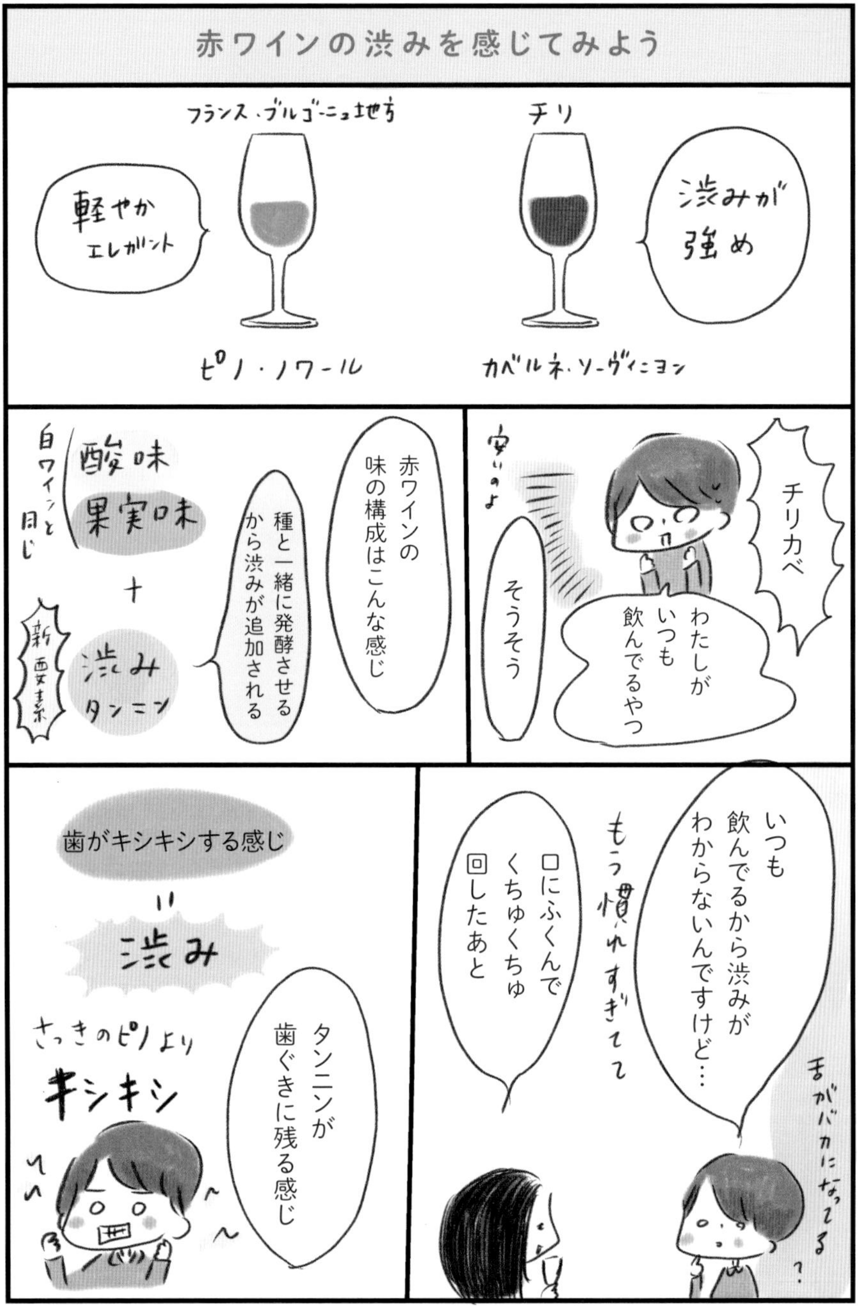
赤ワインの渋みを感じてみよう
フランス・ブルゴーニュ地方
軽やか エレガント
ピノ・ノワール
チリ
渋みが強め
カベルネ・ソーヴィニヨン
チリカベ
わたしがいつも飲んでるやつ
安いのよ
そうそう
赤ワインの味の構成はこんな感じ
種と一緒に発酵させるから渋みが追加される
白ワインと同じ
酸味
果実味
+
新要素
渋み タンニン
いつも飲んでるから渋みがわからないんですけど…
もう慣れすぎてて
舌がバカになってる ?
口にふくんでくちゅくちゅ回したあと
歯がキシキシする感じ
=
渋み
タンニンが歯ぐきに残る感じ
さっきのピノより
キシキシ

豆知識 ピノ・ノワールの色はきれいなルビー色やラズベリーレッドと表現されることが多く、赤ワインの中では非常に明るく、クリアな色と言われている。

産地の違いを味わってみよう
フランス・ボルドー地方
チリ
しっかりした酸味
果実味多め
カベルネ・ソーヴィニヨン
お　同じ品種でも
うーん　何かが…
何かが違う…
いつも飲んでるのはチリカベ…
お安いから気に入ってたけど…
ごめんチリカベ！　わたしフランスの方が好きだ！
ごめん!!　チリ!!
お、高い女になってきたわね
えー
ようこそ
実はワインの産地はオールドワールド（旧世界）とニューワールド（新世界）の2つに分けられるの
フランス＝旧世界
チリ＝新世界

08

ワインの産地は2種類に分けられる

オールドワールドとニューワールドの特徴

オールドワールド（旧世界）

・紀元前6000年頃からスタート
・生産コスト高め
・上品でお値段高め

フランス
イタリア
スペイン
ドイツ
など主にヨーロッパの国々

ニューワールド（新世界）

・ブドウ造りは1850年代～
・生産コスト安め
・パワフルでコスパ良し

アメリカ
オーストラリア
ニュージーランド
チリ
など主にヨーロッパ以外の国々

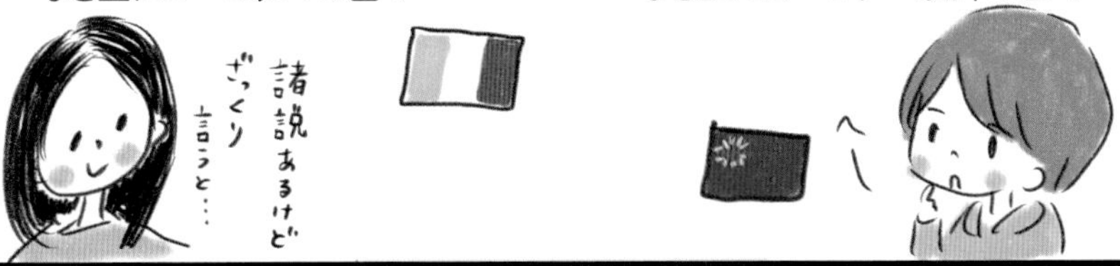

他にも
オールドワールドのワインより
ニューワールドのワインのほうが
果実味が強かったりするの

同じ品種のワインを選ぶときに
どちらの国で造られたかを
知ってるだけでも
参考になるわね

旧世界　果実味　新世界
弱 ＜＜＜＜＜＜＜ 強

果実味・熟成の違いを感じてみよう

フランス 2014
オーストラリア2017
スーっとする清涼感
ジャムを煮つめた果実感
Old
New
シラー
シラーズ
やっぱりオーストラリアのほうが果実味が強いかも！
フランスのは…果実味以外もなにかが違いますね
何が違うんだろうー
土とか腐葉土のような香りがしない？
実はこれが熟成による香り
2014
赤ワインは最低でも1年ぐらいは熟成させるんだけどその期間が長いほど渋みや酸味がマイルドになるの
渋み酸味マイルドに…

豆知識

ワインのラベルに記載されている年は、そのワインの原料となったブドウの収穫年。英語で「ヴィンテージ」、フランス語で「ミレジム」という。

飲み比べはおいしいワインに出合う近道

あとは
さっきも言ったけど
樽が重要ね
木樽に入れた場合
こんがりしてたり
樽をつくるときに
木を焦がす工程が
あって
その焦がし方が
深いか浅いかで
香りや味が
かわるの
へー
全ての工程が
香りや味に
影響するのか…
手間かかってるなぁ
まぁな
そう!
赤ワインは
白より複雑だから
ちょっと難しいのよね
だから国や品種を意識して
飲み比べをするのが
オススメなの
まずは自分の
好みを
知ることが
大切よ!
そこから逆算して
予想して
買う!!

豆知識

樽熟成で緩やかに空気に触れることで、酸味や渋みがまろやかになり、香りは樽の風味でよりリッチに。熟成によって複雑性が増すのも赤ワインの楽しみ。

自分の好みか〜 カベルネも 良かったけど
ムムム…
一番好きなのは フランスのシラーかも♡
あれれ！ オールドワールドに 目覚めた？
やっぱり 高い女になってきたわね
ズー
ちなみに これは いくらですか？
3000円くらい
ちょっと高めだな!?

教えて！明日香先生！❸

ワインの香り「アロマ」って何？

ワインの中には、味わうことを忘れてしまうほど香りだけでウットリさせてくれるものも。

香りには多くの情報があり、分析することでブドウ品種の特徴はもちろん、育った土壌の個性や醸造方法、熟成度合などを知ることができるとても重要な要素です。

まず知っておいてほしい言葉が「第1アロマ」と「第2アロマ」。「アロマ」はフランス語で「香り」の意味で、第1アロマは、「ブドウそのものに由来する品種特性香」のこと。主に果実の香りや花の香り、スパイス香などで、フランスのピノ・ノワールだと、第1アロマはラズベリーやブルーベリーなど、小さなベリー系果実の香りがその品種ならではの香りとして感じられます。一方、第2アロマは「発酵段階で生成する香り」のこと。キャンディ香や特定の製法の際に感じられる吟醸香やバナナ香などが代表的。杏仁豆腐やカスタードクリームの香りとして現れることも！　第2アロマを感じることで、そのワインがどのような製造過程を経てきたのか、ある程度知ることもできます。

さらに、「第3アロマ」もあります。これは、熟成中に現れる香りのこと。樽が新しいのか古いのか、樽に使われた木材がどの程度焦がされている（ローストされている）のか、また、フレンチオークなのかアメリカンオークなのか…などなど。具体的にはヴァニラ香、ロースト、スパイスなどが特徴的。

また、第1アロマの香りが熟成中に変化し、他の要素と複雑に結びつき溶け合うことで「ブーケ」と呼ばれる素晴らしい香りが生まれます。なめし皮、腐葉土、トリュフといったこの香りを表す単語は、「ワインって難しい」と思わせる理由の一部かもしれませんね。

とにかく、たくさん嗅いでみることが何より大事！　日ごろから香りに敏感でいると、いろんな要素の香りを感じとることができるようになって楽しいですよ！

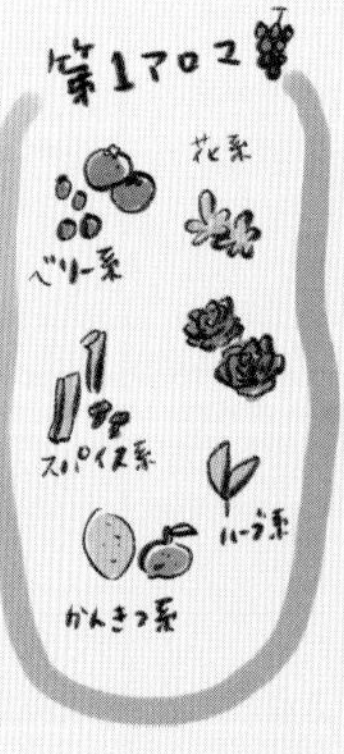

教えて！明日香先生！④

なぜワイン造りは世界に広まったの？

最近は、日本で栽培されたブドウで日本で醸造された「日本ワイン」も盛り上がってきていますが、今やワインは世界中の多くの国で造られています。

ワインの歴史はとても古く、「ワイン造り発祥の地」といわれるジョージアで紀元前6000年頃に始まったとされています。古代ギリシャの時代、ワインは神事など宗教的な儀式で重要な役割を果たすものであり、ワインを飲みながら哲学的な話をするなど、とても限られた、特別な場所で用いられるものでした。ワインが一般的な嗜好品となるのはそれからずーっと後世になってからのことです。

また、ワインといえばフランス、イタリア、スペイン、ドイツ…といったヨーロッパの国々が浮かびますが、これらの「旧世界（オールド・ワールド）」といわれる、非常に古くからワインを造っていた国々にワインが根付いたのは、キリスト教を広めるために、その時代の為政者が修道院や教会にミサ用のワインを造ることを推奨し、布教とセットで広まったからという背景があります。これは8世紀以降のことです。

その後の大航海時代を経て、キリスト教がアメリカ大陸や南半球へ伝えられると同時に、ブドウ栽培やワイン造りも、かの地へと伝わりました。「新大陸発見」に伴うワインの「新世界（ニューワールド）」の誕生です。

オールドワールドは、主にヨーロッパの国々。ニューワールドはアメリカ、オーストラリア、ニュージーランド、アルゼンチン、チリなどが代表的な産地ですが、〝新世界〟といってもこれらの国のワインの歴史はすでに200年を超えています。ただ、〝旧世界〟の歴史が紀元前にさかのぼることを考えると、やはりまだまだNEWといえますね。

日本はどっちなの？　というと諸説あり、ヨーロッパの国々に開拓されたわけでもなく、新大陸でもないのでOLDとも言えますし、ワイン造りの歴史が比較的新しいのでNEWとも言えます。本書ではOLDに分類しています。

オレンジ：オールドワールド　赤：ニューワールド

ワインベルト（北緯 30 ～ 50 度、南緯 30 ～ 50 度）：ワイン用ブドウの栽培適地

LESSON

3

理想のワインの見つけ方

ワインの種類が多すぎて選べない!

ふし
花金～
今週もよく働いたし…
おうちワインでも楽しんじゃおうかな～
前回のレッスンでわたしは実は果実味少なめで上品系がスキだったから…
つまみとー
えーとワインコーナー…
あ、あったワインコーナー
たくさんあった!!
ズラー
!!
めっちゃここに種類あるな!
うっ知らない銘柄、品種ばかり…
ぬおー
せめて
味見させてくれーーーー!

豆知識

ラベルでよく見る「シャトー(château＝フランス語で城)」や「ドメーヌ(domaine＝フランス語で領主)」はどちらもブドウ栽培も行うワイン生産者を指す言葉。

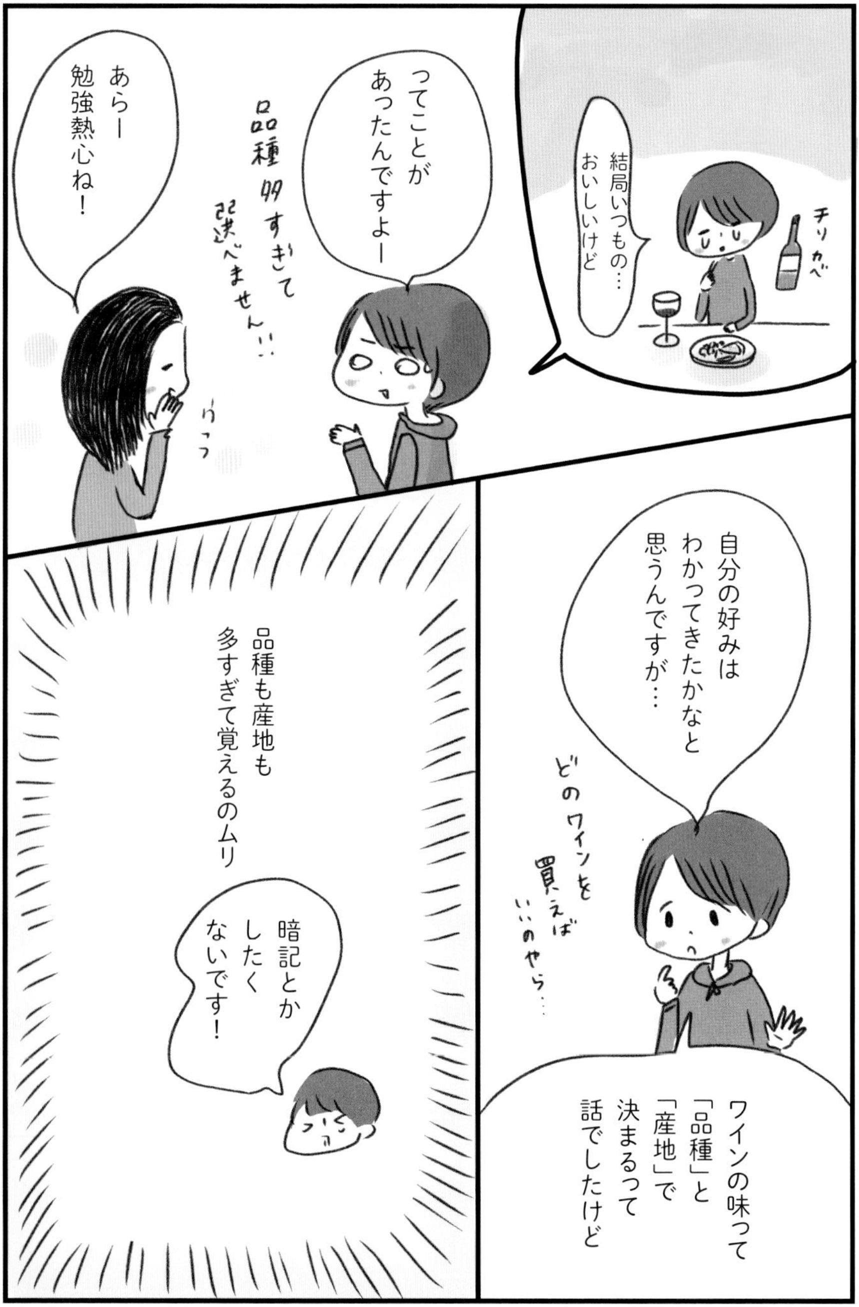
結局いつものおいしいけど…
チリカベ
ってことがあったんですよー
品種多すぎて選べません!!
あらー勉強熱心ね!
ウフフ
自分の好みはわかってきたかなと思うんですが…
どのワインを買えばいいのやら…
ワインの味って「品種」と「産地」で決まるって話でしたけど
品種も産地も多すぎて覚えるのムリ
暗記とかしたくないです!

02 好みのワインに出合う２つのポイント

そうよねー じゃ、そろそろ…
アレを出しますか
アレってマル秘的な!?
ばん
これよ
秘
本当に㊙だ! すごい典型的な!
先生これは… もしかして
そう
1000円台～でおいしいワインを選ぶ2つのポイントを伝授するわ
やった――――!
2つだけなのにノート必要なんですか!?

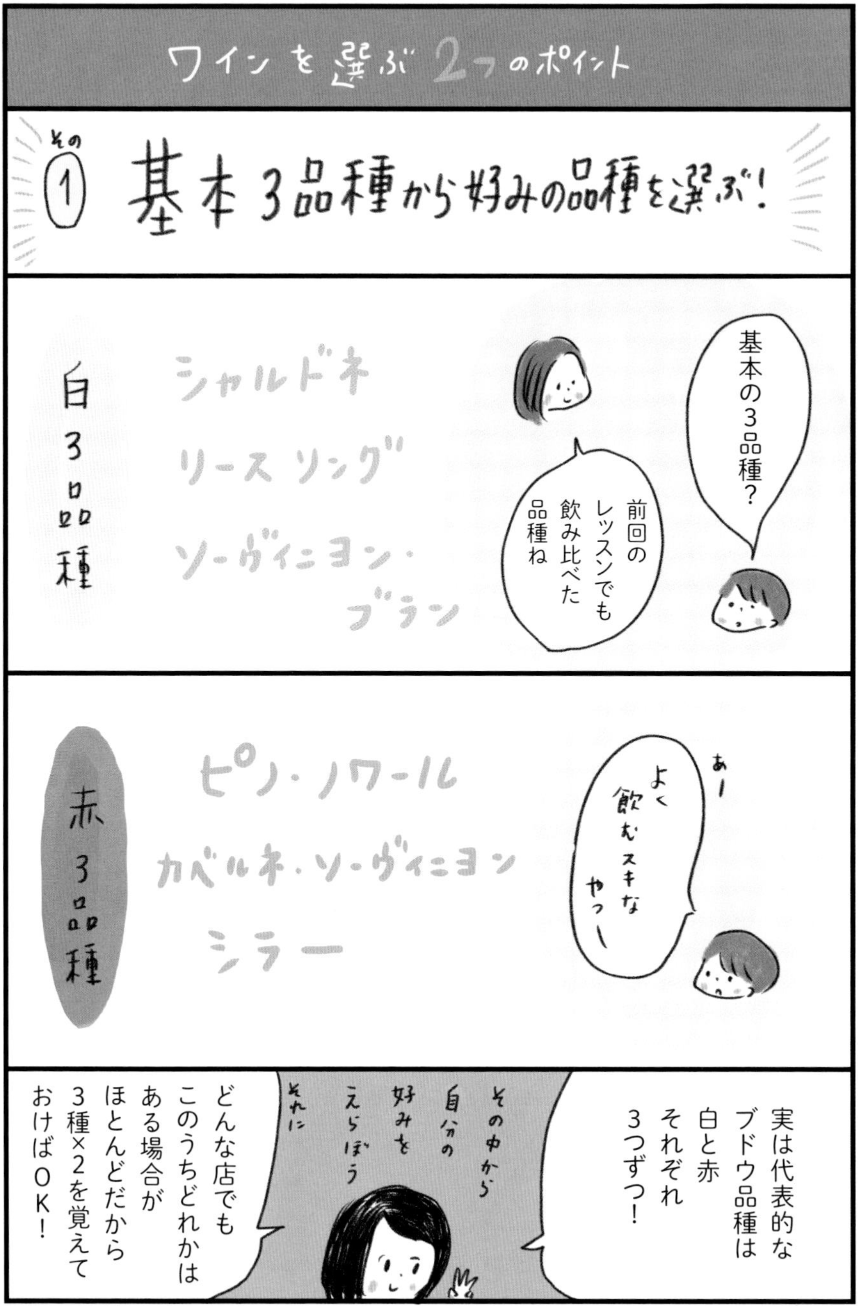
ワインを選ぶ2つのポイント
その① 基本3品種から好みの品種を選ぶ！
基本の3品種？
前回のレッスンでも飲み比べた品種ね
白3品種
シャルドネ
リースリング
ソーヴィニヨン・ブラン
あーよく飲むスキなやつー
赤3品種
ピノ・ノワール
カベルネ・ソーヴィニヨン
シラー
実は代表的なブドウ品種は白と赤それぞれ3つずつ！
その中から自分の好みをえらぼう
それに
どんな店でもこのうちどれかはある場合がほとんどだから3種×2を覚えておけばOK！

ワインを選ぶ2つのポイント
その2 産地で決める
シャルドネ（品種）
フランス
ブルゴーニュ地方
アメリカ
カリフォルニア州
実はそれぞれの品種を得意とする国がある程度決まっているの
シャルドネ（品種）
フランス
アメリカ
Old
New
その中でオールドワールドかニューワールドか選ぶといいわ
ほらよっと
ちなみに1000円台だとニューワールドのほうがおいしいワインに当たる確率が上がるかも
え!? そうなんですか？

豆知識

シェリーやポートワインはフォーティファイドワイン（酒精強化ワイン）と呼ばれるワインの仲間。蒸留酒を添加し、味にコクを持たせ、保存性も高めている。

ニューワールドは
土地が広く
人件費が安いこともあって
大きな規模で
ワインを造れるの！
だから同じ価格帯でも
オールドワールドより
比較的品質の良いものが
手に入りやすいのよ
というわけで
この3種×2を
まとめたのが
このノートです
あ、だからノート！
ニコニコ
コピー禁止だから
明日までに
暗記してね♡
ハイ♡
えっ
自信ない…
うふふ
冗談よ♡

クセがないから軽やかで飲みやすい
シャルドネ
Chardonnay ｜ フランス・ブルゴーニュ地方

OLD

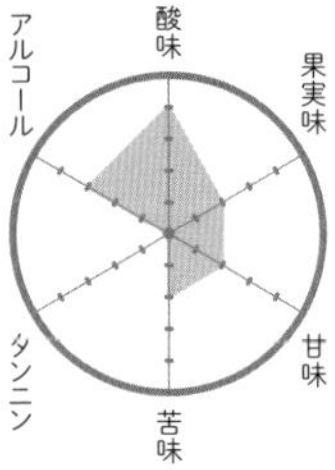

酸味
果実味
甘味
苦味
タンニン
アルコール

レモン
リンゴ
洋ナシ
石灰
貝殻
白胡椒

比較的冷涼な生産地ブルゴーニュのシャルドネは、軽やかで飲みやすく、クセがないものが多い。なかでも有名なシャブリ地区はブルゴーニュのなかで最も北に位置するため、キリッとした酸が特徴の白ワインとなる。

CHABLIS

オススメワイン

商品名	アンリ・ド・ブルソー シャブリ Henry de Boursaulx Chablis
産地	フランス　ブルゴーニュ地方
生産者	アンリ・ド・ブルソー
価格帯	★★
輸入元	株式会社スマイル

果実味たっぷりのしっかりボディ
シャルドネ
Chardonnay ｜ チリ

NEW

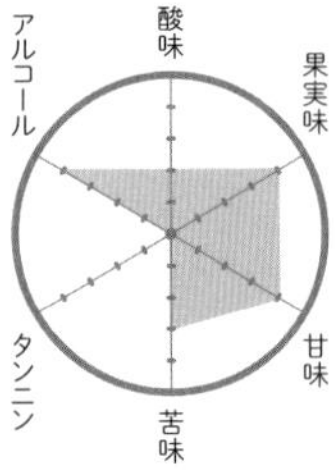

酸味
果実味
甘味
苦味
タンニン
アルコール

リンゴ
洋ナシ
パイナップル
ナッツ
ヴァニラ
バター

カジュアルな値段で楽しめるチリのシャルドネはコスパが素晴らしく、トロピカルフルーツのような果実味。酸味はまろやかで飲みごたえのあるものが多い。樽を使ったものには、ローストしたナッツのような香りも。

オススメワイン

商品名	ヴィーニャ・エラスリス エステート　シャルドネ Vina Errazuriz Estate Chardonnay
産地	チリ
生産者	ヴィーニャ・エラスリス
価格帯	★
輸入元	ヴァンパッシオン

参考価格帯　★…1000円台　★★…2000円台前半
★★★…2000円台後半

甘みと酸味のバランスが絶妙なツンデレ

リースリング

Riesling ｜ フランス・アルザス地方

OLD

アルザスは基本的には冷涼な気候にもかかわらず、雨が少なく日照量が豊富。そのためリンゴやアプリコットのような果実味たっぷりかつキリッとした酸味が特徴のメリハリのきいた味わいに仕上がる。

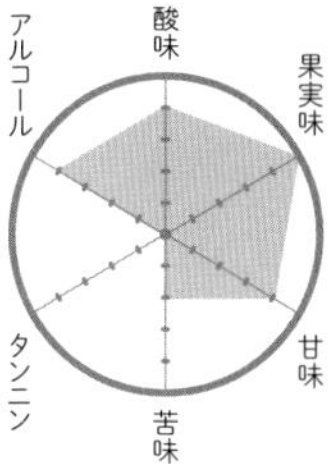
酸味
果実味
甘味
苦味
タンニン
アルコール

レモン
リンゴ
アプリコット
キンモクセイ
白胡椒
花の蜜

オススメワイン

商品名	トリンバック リースリング Trimbach Riesling
産地	フランス　アルザス地方
生産者	トリンバック
価格帯	★★
輸入元	エノテカ株式会社

TRIMBACH
RIESLING

酸味がまろやかでツン要素ひかえめ

リースリング

Riesling ｜ オーストラリア

NEW

オーストラリアのなかでも比較的冷涼な生産地のリースリングからは、よく熟したリンゴのような果実味とキレのよい酸味が特徴の白ワインが造られる。アルザスのものより果実味と酸味がやさしいものが多い。

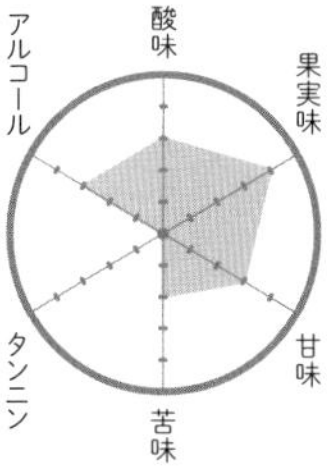
酸味
果実味
甘味
苦味
タンニン
アルコール

レモン
リンゴ
キンモクセイ
石灰
白胡椒
花の蜜

オススメワイン

商品名	アルクーミ ホワイトラベル リースリング Alkoomi White Label Riesling
産地	オーストラリア
生産者	アルクーミ・ワインズ
価格帯	★
輸入元	ファームストン株式会社

ALKOOMI
RIESLING

さわやかな清涼感でさらっとスマート

ソーヴィニヨン・ブラン

Sauvignon Blanc | フランス・ロワール地方

OLD

ライム
グレープフルーツ
リンゴ
洋ナシ
ミント
石灰

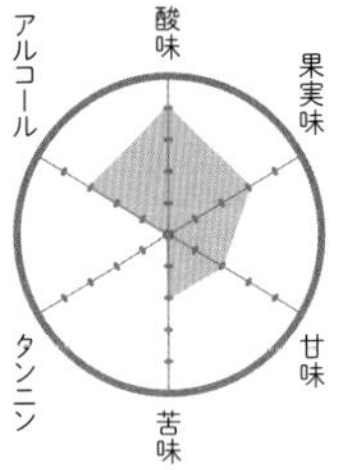
酸味
果実味
甘味
苦味
タンニン
アルコール

グレープフルーツや洋ナシのようなやさしい果実味と、ミントのようなハーブの清涼感があり、後味にはキリッとした酸味と石灰のようなミネラル感。さらっと飲みやすい。代表銘柄はサンセール。

Michaud
TOURAINE

オススメワイン

商品名	トゥレーヌ ソーヴィニヨン ドメーヌ・ミショー Touraine Sauvignon Domaine Michaud
産地	フランス　ロワール地方
生産者	ドメーヌ・ミショー
価格帯	★★
輸入元	株式会社ファインズ

たっぷり太陽を浴びて元気ハツラツ

ソーヴィニヨン・ブラン

Sauvignon Blanc | ニュージーランド

NEW

グレープフルーツ
洋ナシ
パッションフルーツ
ミント
石灰
貝殻

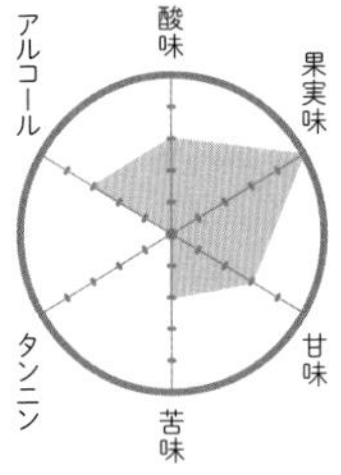
酸味
果実味
甘味
苦味
タンニン
アルコール

ニュージーランドを代表するブドウ品種。フランス産よりたっぷりとした果実味で、よく熟した洋ナシやパッションフルーツのような香りやレモングラスのようなハーブ香が特徴。酸味は比較的やわらかくジューシー。

SILENI
ESTATES
Cellar Selection
SAUVIGNON BLANC

オススメワイン

商品名	シレーニ　セラー・セレクション ソーヴィニヨン・ブラン Sileni Cellar Selection Sauvignon Blanc
産地	ニュージーランド
生産者	シレーニ・エステート
価格帯	★
輸入元	エノテカ株式会社

参考価格帯　★…1000円台　★★…2000円台前半
★★★…2000円台後半

上品でエレガントかつチャーミング

ピノ・ノワール

Pinot Noir | フランス・ブルゴーニュ地方

OLD

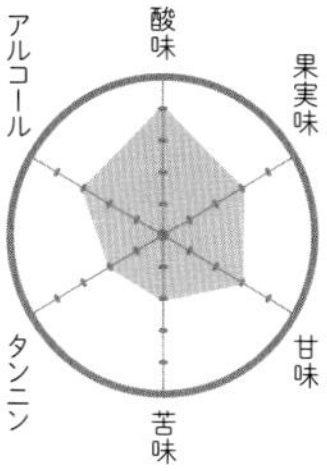
酸味
果実味
甘味
苦味
タンニン
アルコール

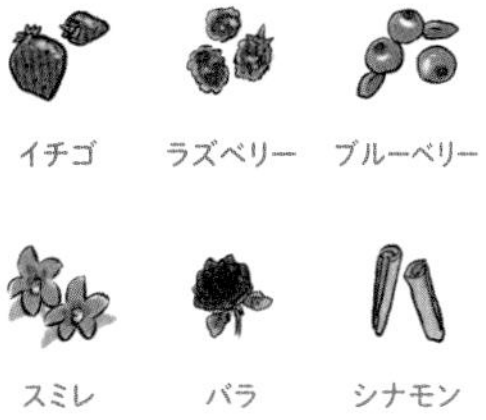
イチゴ
ラズベリー
ブルーベリー
スミレ
バラ
シナモン

世界一高級な赤ワイン「ロマネ・コンティ」もこのピノ・ノワールから造られる。ラズベリーのような果実味が上品に感じられ、キレのある酸味が特徴。軽やかでフルーティー、渋みが少なくチャーミングな味わい。

オススメワイン

商品名	メゾン・ジョゼフ・ドルーアン ブルゴーニュ ピノ・ノワール Maison Joseph Drouhin Bourgogne Pinot Noir
産地	フランス ブルゴーニュ地方
生産者	ジョセフ・ドルーアン
価格帯	★★★
輸入元	三国ワイン

Joseph Drouhin
BOURGOGNE
PINOT NOIR

エレガントさもありつつ、よりカジュアルに

ピノ・ノワール

Pinot Noir | ニュージーランド

NEW

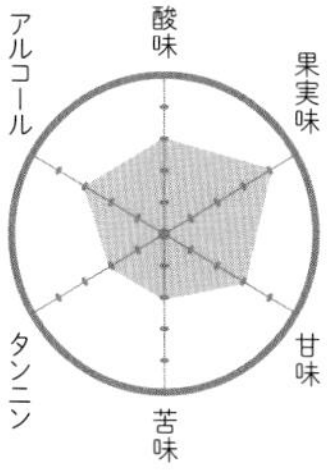
酸味
果実味
甘味
苦味
タンニン
アルコール

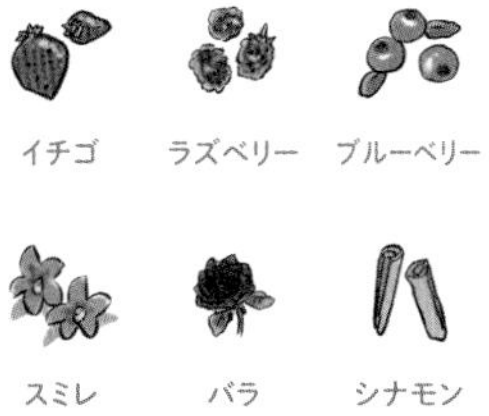
イチゴ
ラズベリー
ブルーベリー
スミレ
バラ
シナモン

ニュージーランドの赤といえばピノ・ノワール。非常にコスパがよい。ブルゴーニュと同様に軽やかでフルーティー。特徴的なラズベリーやブルーベリーの香りがしっかりと感じられ、後味のきれいな酸味がエレガント。

オススメワイン

商品名	シレーニ セラーセレクション ピノ・ノワール Sileni Cellar Selection Pinot Noir
産地	ニュージーランド
生産者	シレーニ・エステート
価格帯	★
輸入元	エノテカ株式会社

SILENI
Cellar Selection
PINOT NOIR

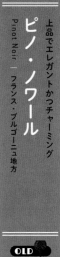

酸味も渋みも！　飲みごたえアリなしっかり者

カベルネ・ソーヴィニヨン

Cabernet Sauv gnon ｜ フランス・ボルドー地方

OLD

ブルーベリー
カシス
ピーマン
スミレ
ドライハーブ
杉

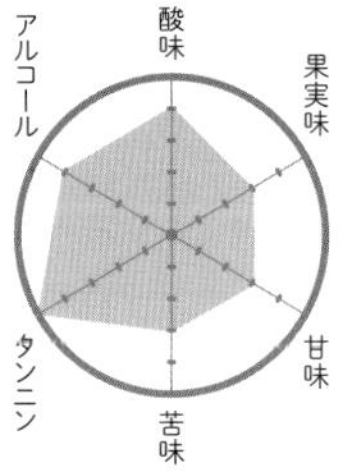
酸味
果実味
甘味
苦味
タンニン
アルコール

香りはベリー系のフルーティーさ、ピーマンやハーブ、杉のような青っぽい清涼感や土っぽさがある。味わいは、フルーティーさとしっかりとした酸味、豊富なタンニンからくる強い渋みが特徴で、飲みごたえがある。

オススメワイン

CHÂTEAU GENINS
BORDEAUX

商品名	シャトー・ジュナン Chateau Genins
産地	フランス　ボルドー地方
生産者	シャトー・ジュナン
価格帯	★
輸入元	株式会社 トゥエンティーワン コミュニティ

ふくよかでパワフル。たっぷりした果実味

カベルネ・ソーヴィニヨン

Cabernet Sauvignon ｜ チリ

NEW

ブルーベリー
カシス
ピーマン
スミレ
シナモン
ヴァニラ

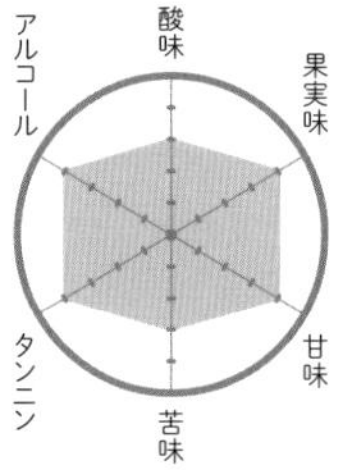
酸味
果実味
甘味
苦味
タンニン
アルコール

香りはベリー系ジャムのような凝縮した果実味が特徴。ボルドーと同様にピーマンやハーブのような青っぽい清涼感がある。味わいはよりフルーティーで、渋みもあり飲みごたえがあるが、酸味は少しやわらかい印象。

オススメワイン

ERRAZURIZ
ESTATE
CABERNET SAUVIGNON

商品名	ヴィーニャ・エラスリス エステート カベルネ・ソーヴィニヨン Vina Errazuriz Estate Cabernet Sauvignon
産地	チリ
生産者	ヴィーニャ・エラスリス
価格帯	★
輸入元	株式会社 JALUX

参考価格帯　★…1000円台　★★…2000円台前半　★★★…2000円台後半

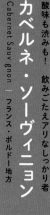

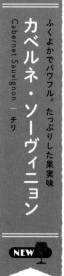

シャープでセクシー。ワイルドさも感じる

シラー

Syrah ｜ フランス・ローヌ地方

OLD

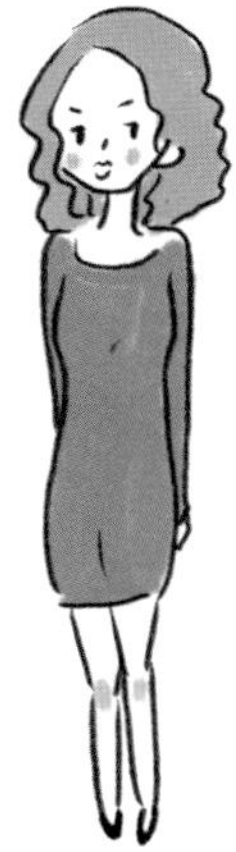

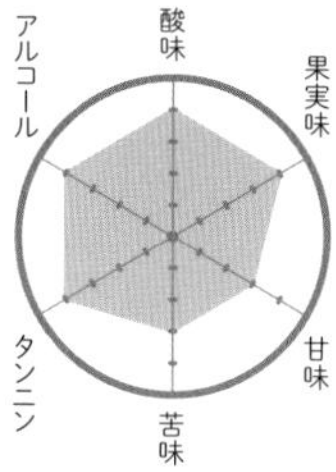
酸味
果実味
甘味
苦味
タンニン
アルコール

カシス
ブラックチェリー
スミレ
ローリエ
黒胡椒
シナモン

ブラックチェリーや干しプラムのような熟度の高いフルーツの香りとともに、華やかな花の香りや、スパイスの香りが特徴。果実味、酸味、渋みがどれもしっかりと感じられ、ほどよく凝縮感のある味わい。

オススメワイン

商品名	コート・デュ・ローヌ ヴィエイユ・ヴィーニュ Cotes du Rhone Vieilles Vignes
産地	フランス　ローヌ地方
生産者	ドメーヌ・ダンデゾン
価格帯	★★
輸入元	株式会社　稲葉

さまざまな要素がギュッと凝縮した力強さ

シラーズ

Shiraz ｜ オーストラリア

NEW

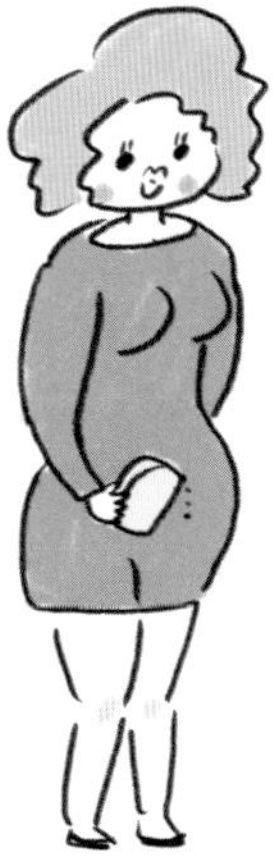

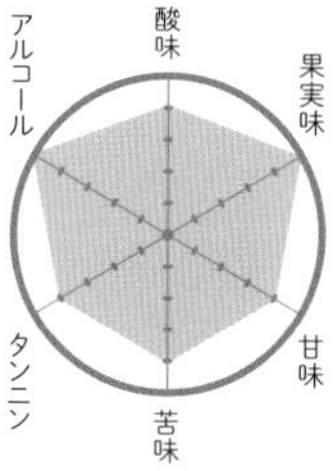
酸味
果実味
甘味
苦味
タンニン
アルコール

カシス
ブラックチェリー
干しプラム
バラ
黒胡椒
シナモン

もともとはフランスのシラーと同一品種。オーストラリアではシラーズと呼ばれ、よりパワフルでフルボディ。凝縮した果実味があり、シナモンなどの甘いスパイシーさも。飲みごたえのあるワイン。

オススメワイン

商品名	ウルフ・ブラス　イエローラベル　シラーズ Wolf Blass Yellow Label Shiraz
産地	オーストラリア
生産者	ウルフ・ブラス
価格帯	★
輸入元	トレジャリー・ワイン・エステーツジャパン株式会社

教えて！明日香先生！⑤

ラベルを読むためのヒントを教えて！

知っているとワインがさらに楽しくなる知識の1つが「原産地呼称制度」。

ヨーロッパ各国で、ワインだけでなく、チーズなどの乳製品や海産物、農産物にまで幅広く適用される、生産者はもちろんのこと、生産物の品質や産地のブランド価値をまもるために生まれた制度です。

ワインの場合、そのワインが造られた土地（地方、村、畑など）の名前を名乗るには、決められたブドウ品種、栽培・収穫方法、醸造方法に従い、検査をクリアする必要があります。

例えば、ブルゴーニュ地方のシャブリ地区という場所で造られたワインが「シャブリ」と名乗るためには、シャブリ地区で、シャルドネという品種100％で造られた白ワインでなければならないという決まりがあるのです。たとえシャブリ産のブドウを使ったワインでも、シャルドネ以外の品種を使うと「シャブリ」と名乗ることはできません。

他にもフランスであればシャンパーニュやボルドー、イタリアならキアンティやバローロ、バルバレスコといった名前を聞いたことがあるかもしれませんね。実は、これらもすべて産地名で、この産地名を名乗るためには法律で決められた造りかたを守る必要があるんです。

ヨーロッパのワインの場合、ブドウ品種名はラベルに記載されていないことも多いのですが、そのワインが原産地呼称制度に則って産地名を名乗っている場合、産地名がわかれば、ブドウ品種や製法、熟成期間などが自動的にわかるということです。特にお気に入りのブドウ品種については、産地名をいくつか覚えておくといいかもしれません。

たとえ生産者が異なっていても、銘柄（産地名）を覚えていれば、ある程度同じ方向性の味わいのワインを選ぶことができるからです。

農業大国であるフランスが、ヨーロッパの他国に先駆けてこの原産地呼称法を制定したのは19

35年。世界恐慌がきっかけで世の中に偽物のワインが大量に出回ったため、それに対抗して生産者とその品質を守るためにこの法律が整備されました。

それに続くかたちで、今では欧州を中心に各国がそれぞれ生産地保護のための法律を制定しています。2009年にEU全体で新ワイン法が制定されましたが、現在も、各国独自の旧ワイン法とEUの新ワイン法は一部併用されています。

フランスの原産地呼称制度はA.O.C.（Appellation d'Origine Contrôlée　アペラシオン・ドリジーヌ・コントローレ）といいます。ラベルに「Appellation ○○（地名）Contrôlée」、「A.C. ○○（地名）」とあればそれがA.O.C.名＝産地名となっています。

下のイラストのラベルの場合、マルでかこまれた部分に注目してください。このワインの場合は「A.C.シャブリ」なので、シャブリ地方の、シャルドネ100％で造られたワイン、ということになります。

CHABLIS
APPELLATION CHABLIS CONTRÔLÉE
750mL
12.5%

教えて！明日香先生！❻

ボージョレ・ヌーヴォーはなぜ解禁日があるの？

毎年11月の第3木曜日に解禁されるボージョレ・ヌーヴォー。空港でヌーヴォーを積んだ航空機が到着した様子や、解禁の瞬間に人々がカンパイする姿は、必ずニュースになりますね。

そもそも、「ボージョレ」とはブルゴーニュ地方最南部に位置する、ブルゴーニュ最大のワイン生産地区の地名で、「ヌーヴォー」はフランス語で「新しい」という意味。つまり、ボージョレ・ヌーヴォーは「ボージョレ地区で造られた新酒」のこと。新酒には収穫を祝い、その年のブドウやワインの出来を確認するという意味もあり、フランスほか各国で造られていて、その解禁日は国ごとに定められています。

ボージョレ地区でヌーヴォーとして法律で認められているのは、赤・ロゼワインのみ。他の生産地では、白のヌーヴォーの生産が認められているところもあります。

日本ではなぜかボージョレ・ヌーヴォーだけが有名で、なんと世界で一番輸入している国なんです！　ボージョレの方曰く、フランス人よりもうちのヌーヴォーを飲んでくれているんじゃないか、と(笑)。解禁直後は、ワインショップはもちろんのことコンビニでも買えるので、身近なお酒のひとつですよね。

秋に販売されるヌーヴォーは新酒なので当然、その年に収穫されたブドウだけで造られています。ボージョレ地区では毎年9月半ばにブドウを収穫するので、なんとそこから2ヶ月ほどのうちに、ワインとして販売されます。よって、樽でじっくり熟成させるタイプの赤ワインとはまったくの別物で、造りかたや味わいはもちろん、楽しみかたも異なります。

ヌーヴォーの赤ワインの特徴は渋みが少なく、ブドウそのものの果実味やイチゴキャンディのような甘くかわいらしい香り。つい先日搾ったばかり、というブドウのフレッシュさとフルーティーさを是非楽しんでほしいです！

LESSON

4

ワイン×料理！マリアージュは幸せの味

翌日ーー
先生！ 3品種 頭に入りました
バーン!!
たのもーー!!
先生のお店に勝手に入ってくる人
もう!!
ん
えーもうバッチリ
丸暗記しました 単語帳も作って
スチャッ
ブツブツ
受験？
じゃあ今日は次の段階にいけるね
次の段階!?
ワクワク
結婚よ♡
結婚？
リーン
ゴーン

いやーけ…けっ けっこんって そんな…
えへへ〜
なぜか照れる
無視
こいしさん ワインを飲むとき 何を食べてる？
え
あんまり 自炊しないんですけど
えーと ですね
近所のステーキ屋さんで ステーキテイクアウトして 赤ワインのボトル買って 動画見てます
至福の時間
チリカベで
一人でも楽しそうね
でも まあ
お肉にチリカベ！ いいじゃなーい！
いいマリアージュね♡
ステーキ
チリ×カベルネソーヴィニヨン
good!!
マリアージュ？
フランス語で「結婚」って意味なの

マリアージュのルールは2つだけ

へー
お肉とチリカベが相性いいってことですか？
ステーキも赤ワインもどっちも赤いでしょ？
まずは"色を合わせること"がマリアージュの基本なの！
へー
red
あー
お魚に白ワイン お肉に赤ワインって 聞いたことあります
そういえば
そうそう！お肉のなかでもとり肉のような白いお肉は白ワインの方が合ったり
トリ
白
お魚でもマグロの漬けなんかは赤ワインと合わせたり
サーモンや生ハムにはロゼも合うわよ
へー！ほんとに見た目どおりに合わせてる！
マグロ漬け
赤ワイン
生ハム
or
サーモン
ロゼ

マリアージュのルール
そう！
実はマリアージュにはルールがあって
2つの公式に当てはめればいいの

2つのマリアージュの公式

① ソックリの公式

ワインと料理に共通する色、味、香り、産地を合わせる

例① 軽めの味つけの料理と軽やかなワイン
例② 柑橘系を使った料理と柑橘の香りがするワイン

② サッパリの公式

料理を食べたあとワインの特徴で口をサッパリさせる

例① しっかりとした味付けの料理と酸味やタンニンが強めのワイン
例② 油（脂）っこい料理とスパークリングワイン

へー！味や香り、色、産地なんかを食材に合わせるソックリの公式と
ワイン
食材
色・味香
×
色・味香
ソックリ
油（脂）っこさをワインでサッパリさせる公式があるのかー
ワイン
食材
酸
×
油
サッパリ
ね、これだったら想像しやすくてできそうじゃない？
たしかに！
なぜかずっと立ったまま話しこむ2人
じゃ、前回のレッスンで紹介した基本の3品種に加えてマリアージュのときはこれだけプラスすればOKっていう最強の布陣を紹介するわね！
1000円台
今回も1000円台から2000円台で用意したわ

口当たりがよく、やさしさを感じる日本男児

甲州

Koshu ｜ 日本・山梨県

OLD

レモン
リンゴ
白桃
メロン
石灰
白胡椒

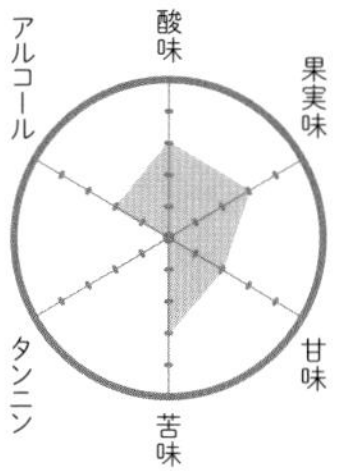
酸味
果実味
甘味
苦味
タンニン
アルコール

日本を代表する品種。柔らかい果実味とほのかな酸味が特徴で、かぼすや和ナシなど日本の果物の香りがある。近年、栽培や醸造方法が改良され、よりフルーティーで、キリッとした酸味のワインが造られている。

山梨甲州

オススメワイン

商品名	シャトー・メルシャン 山梨甲州 Château Mercian Yamanashi Koshu
産地	日本　山梨県
生産者	メルシャン株式会社（シャトー・メルシャン　勝沼ワイナリー）
価格帯	★
発売元	メルシャン株式会社

フルーティーでフローラルな香りが魅力的

ゲヴュルツトラミネール

Gewurztraminer ｜ フランス・アルザス地方

OLD

洋ナシ
白桃
ライチ
白バラ
白胡椒
花の蜜

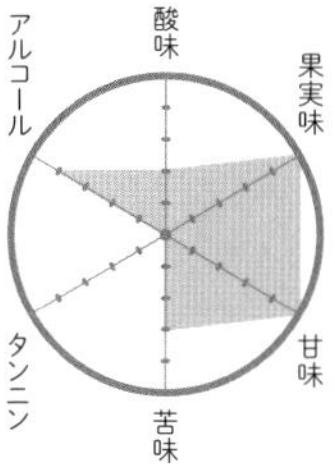
酸味
果実味
甘味
苦味
タンニン
アルコール

主にアルザスやドイツで栽培される品種で、ライチのようなフルーティーさと白バラのようなフローラルさをもつ、アロマティックなワイン。ドライなものから甘みを残したものまで様々なタイプが造られている。

ALSACE

オススメワイン

商品名	ポール・ブルケール ゲヴュルツトラミネール レゼルヴ Paul Bruckort Gowurztraminor Reserve
産地	フランス　アルザス地方
生産者	ポール・ブルケール
価格帯	★
輸入元	株式会社オーバーシーズ

参考価格帯　★…1000円台　★★…2000円台前半
★★★…2000円台後半

ネッビオーロ

Nebbiolo ｜ イタリア・ピエモンテ州

山の麓で育った、大人で健康的な山ガール

OLD

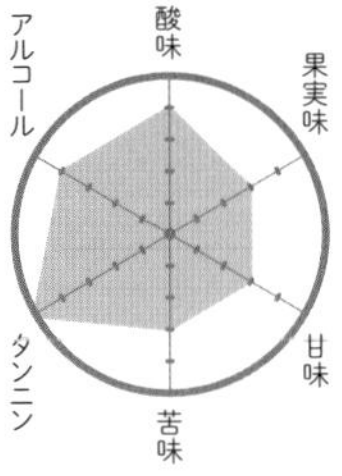
酸味
果実味
甘味
苦味
タンニン
アルコール

ブルーベリー
カシス
バラ
スミレ
ドライハーブ
なめし皮

イタリアを代表するブドウ品種で、上品なベリー系の香りと、少しドライフラワーのようなフローラルさがある。スリムなボディできれいな酸があるタイプが多いが、後味に印象的な渋みがあるのが特徴。

LANGHE
NEBBIOLO
CASCINA CHICCO

オススメワイン

商品名	カッシーナ・キッコ ランゲ ネッビオーロ Cascina Chicco Langhe Nebbiolo
産地	イタリア　ピエモンテ州
生産者	カッシーナ・キッコ
価格帯	★★
輸入元	株式会社フードライナー

メルロ

Merlot ｜ フランス・ボルドー地方

酸味、渋みがまろやかでやさしい口当たり

OLD

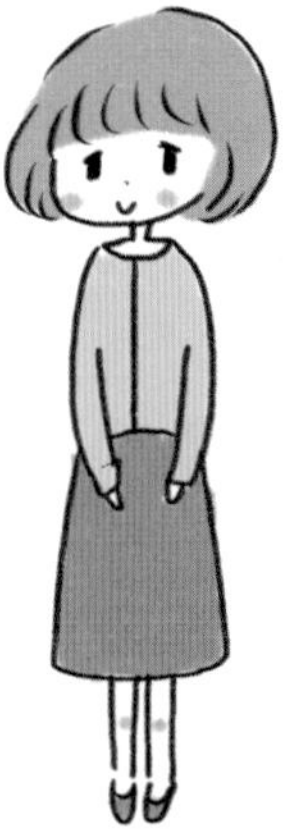

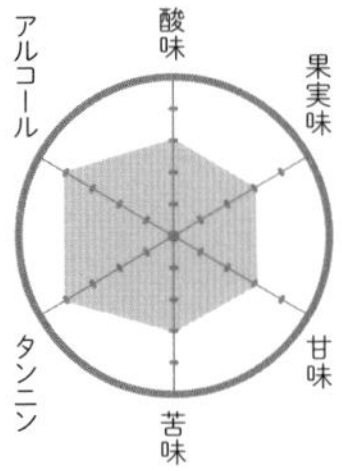
酸味
果実味
甘味
苦味
タンニン
アルコール

ブルーベリー
カシス
スミレ
土
チョコレート
ヴァニラ

同じボルドー原産のカベルネ・ソーヴィニヨンをまろやかにした印象で、ベリー系の香り。味わいにもフルーティーさがあり、酸味や渋みはややまろやか。樽を使ったものは、チョコレートやヴァニラのような香りに。

オススメワイン

商品名	シャトー・ド・マカール Câteau de Macard
産地	フランス　ボルドー地方
生産者	シャトー・ド・マカール
価格帯	★
輸入元	株式会社モトックス

参考価格帯　★…1000円台　★★…2000円台前半
★★★…2000円台後半

お惣菜で楽しむ！　お手軽マリアージュ

どーーん!!
カルパッチョ
コロッケ
煮魚
ポテトサラダ
パクチーサラダ
エビチリ
刺身
ご、豪勢…
っていうかこれワインに合います?
合う合う♫
パクチーってビールくらいしか合わないのでは…
ぬぬぬ
じゃこれと合わせてみて
ソーヴィニヨン・ブラン
×
パクチーサラダ
え～～～～

パクチーとソーヴィニヨン・ブランで「ソックリの公式」

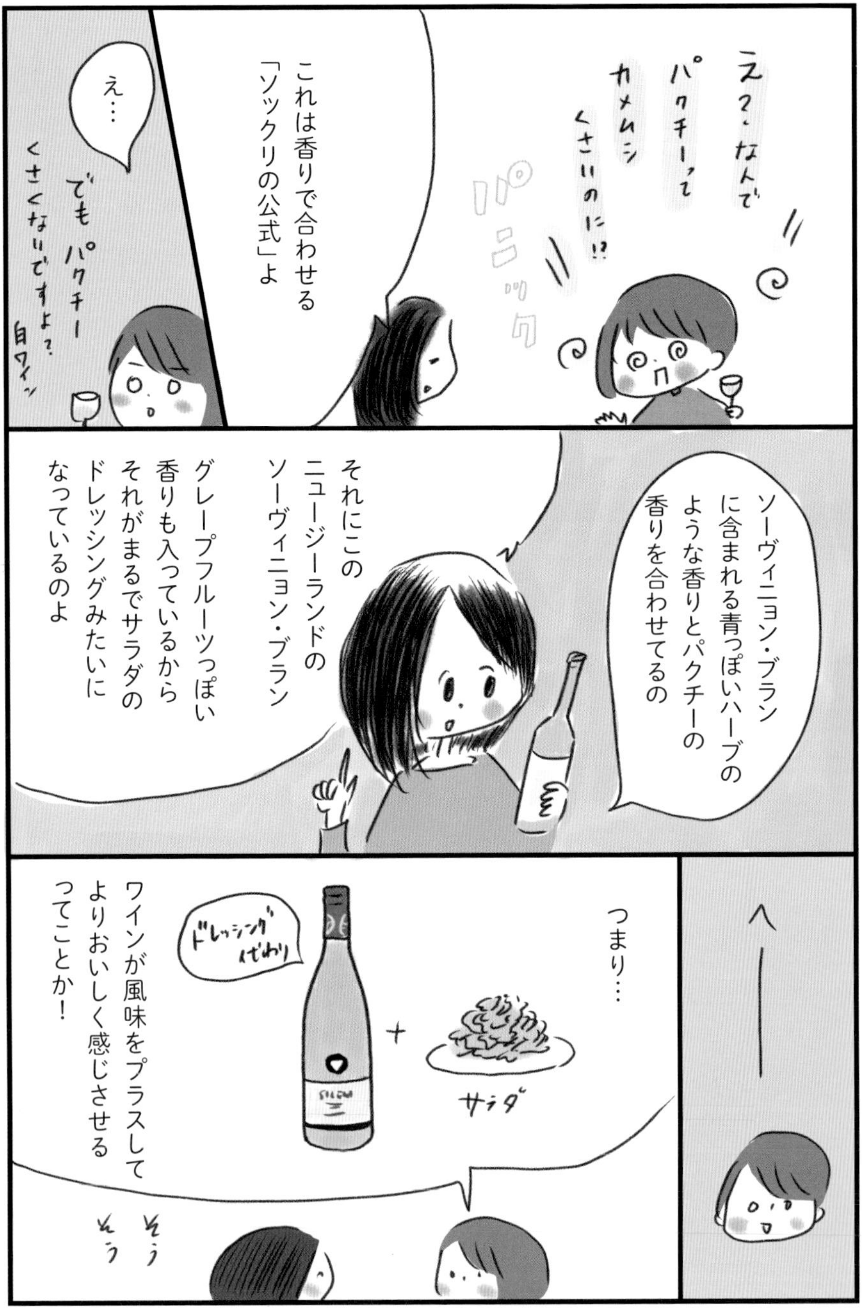
えっ、なんで パクチーって カメムシくさいのに!?
パニック
これは香りで合わせる「ソックリの公式」よ
え…
でも パクチー くさくないですよ?
白ワイン
ソーヴィニヨン・ブランに含まれる青っぽいハーブのような香りとパクチーの香りを合わせてるの
それにこのニュージーランドのソーヴィニヨン・ブラン グレープフルーツっぽい香りも入っているから それがまるでサラダのドレッシングみたいになっているのよ
へー
つまり…
ドレッシング代わり
サラダ
ワインが風味をプラスしてよりおいしく感じさせるってことか!
そう そう

コロッケとリースリングで「サッパリの公式」

05

コロッケ
じゃあ次は コロッケいこうか
これに 合わせるのが… リースリング！
あー さっき苦手 だったやつ…
RIESLING
ちょっと 酸味 キツイのよ
んー このコロッケ おいしー！
パク
もぐ
これに苦手な リースリングを 合わせる…
やだな
ゴクッ
ハッ
な…なにこれ… リースリングの 酸味が…
コロッケの油を スッキリとさせる！
ヒィ

豆知識

リースリングの原産地・フランスのアルザス地方では、名産品のジャガイモを使った郷土料理と合わせてリースリングが楽しまれている。

フフフ
それは「サッパリの公式」ね
コロッケの油分を
リースリングの酸味が
キリっとさせてくれるでしょ
な…なんか
コロッケも
リースリングも
さっきより数倍
おいしく
なってる…
止…
もぐ
止まらない
ハッ
お互いが高め合って…
これが結婚《マリアージュ》!
ゴーン
おめでとー
リースリングくん…
ごめん…
君はめっちゃいい子
だったよ…
今までごめん
最初はちょっとすっぱいなって思ってたけど
スリスリ
コロッケちゃんと
より高め
合って生きて!
結婚おめでとー!!
こんなに必死に
マリアージュを感じる人
初めて見たわ…

06

和食も中華もワインでマリアージュ

はぁはぁ
あまりのおいしさにコウフンしてしまった
リーン ゴーン
この3品とはまた違うマリアージュもあるのよ～
まだまだこんなもんじゃない!!
お次はコレ！
おしょうゆも
じゃーん
お刺身!!
THE 和食!!
ええ!? いくらなんでもお刺身とワイン…？
お刺身にはコレ！
山梨甲州
甲州！ジャパニーズ！
日本酒っぽい香りがしてツマミが欲しくなる白ワインなの

豆知識

甲州には日本酒のような香り「吟醸香」や、だしのような「うまみ」が感じられるため、「ソックリの公式」で醤油やだしを使った日本の家庭料理に合う。

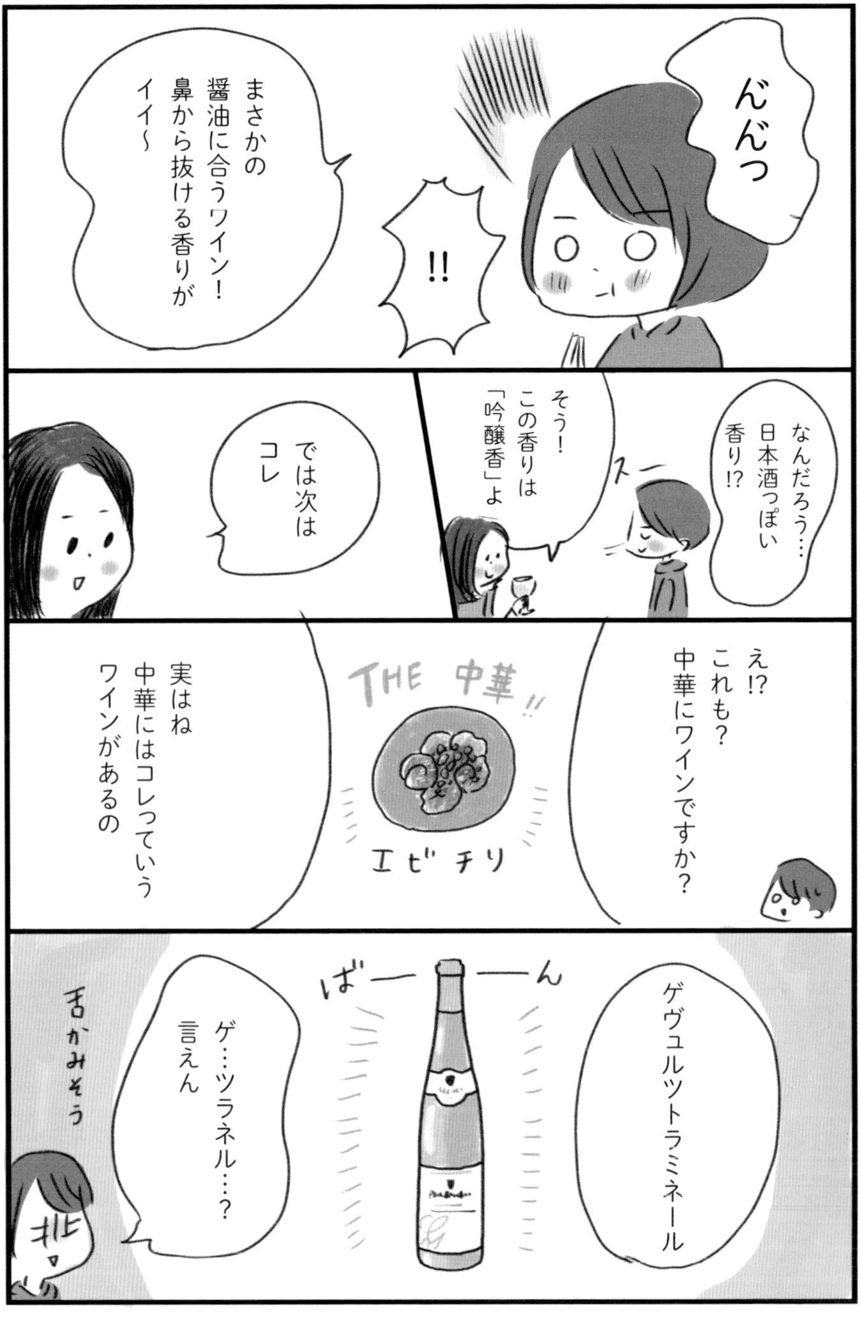

んんっ
!!
まさかの
醤油に合うワイン！
鼻から抜ける香りが
イイ～
なんだろう…
日本酒っぽい
香り!?
スー
そう！
この香りは
「吟醸香」よ
では次は
コレ
え!?
これも？
中華にワインですか？
THE 中華!!
エビチリ
実はね
中華にはコレっていう
ワインがあるの
ゲヴュルツトラミネール
ばーーーん
ゲ…ツラネル…？
言えん
舌かみそう

エビチリの甘辛さと
このワインの甘さが
相性バツグン！
プリプリ
エビちゃん
それにこれ
ちょっとかいでみて
スン
……
なんか甘っぽい
ライチ？
そうなの！
ん
ライチって
中華料理のデザートでも
よく出てくるでしょ？
あー
たしかに、
だからってわけじゃないけど
中華料理に合うの！
ささっ
飲んで飲んで
だまされたと
思って!!

豆知識　エビやイカなどミネラル成分を含んだ魚介類を使った料理とミネラルの多い土壌で育ったブドウを使ったワインを合わせる、という「ソックリの公式」も。

えー
そんな
名前も
言えないワインなんて
しかも中華にワイン
しぶしぶ
モグ
モグ
ゴク
…………
どう?
お…おいしいです…
ツーー
完敗…
ヒューー♪
中華にも
しっかり合って
しかもマリアージュも
楽しめるワインが
あるんですね～
ずっと言えないけど…
ゲ…
これなら
毎日のごはんにも
おそうざいにも
合わせやすいわー
今まで
紹介した白ワインを
料理のジャンルに
合わせるなら
こんな感じかな!
じゃーーん
まとめてみた

マリアージュを楽しむヒント
白ワイン 編

	例	公式	解説
1 甲州にはあっさりした和食	わさび醤油で食べる刺身 醤油で味付けした煮魚 やさしい塩味の八宝菜	**ソックリの公式**	甲州のやさしい味わいが、醤油や塩で味付けされた繊細な料理を引き立てます。和食だけでなく、やさしい味付けの中華にも。
2 リースリングには家庭の洋食	チーズたっぷりのグラタン マヨネーズで味付けたポテトサラダ	**サッパリの公式**	乳製品やマヨネーズのまろやかなコクやお肉の脂身を、酸味でサッパリさせてくれます。リースリングの原産地・アルザスでよく食べられるジャガイモやキッシュとも、もちろん合います。
	ほうれん草とベーコンのキッシュ	**ソックリの公式**	
3 ソーヴィニヨン・ブランにはエスニック料理	ニラや大葉を使った生春巻き キュウリが入った春雨サラダ ハーブや柑橘を使ったカルパッチョ	**ソックリの公式**	ソーヴィニヨン・ブランに含まれる柑橘の香りやハーブのような青っぽい香りとエスニック料理がピッタリ。カルパッチョなどに柑橘類を使った料理とも相性◎。
4 シャルドネには衣が香ばしい揚げ物	メンチカツ トンカツ チーズチキンカツ	**ソックリの公式**	樽での熟成による香ばしい香りがサクサクの揚げ物の衣の香りとベストマッチ！
5 ゲヴュルツトラミネールには甘辛系中華料理	甘辛い味付けのエビチリ 甘酢ダレの肉団子	**ソックリの公式**	ゲヴュルツトラミネールに含まれるライチの香りが中華料理と相性抜群。紹興酒のような甘さもあり、スパイシーな味つけを包み込んでくれます。

白ワインは、料理のジャンルで合わせてみよう！

07 鶏、豚、牛…どの赤ワインを合わせる?

次は赤ワインに合わせましょ♪

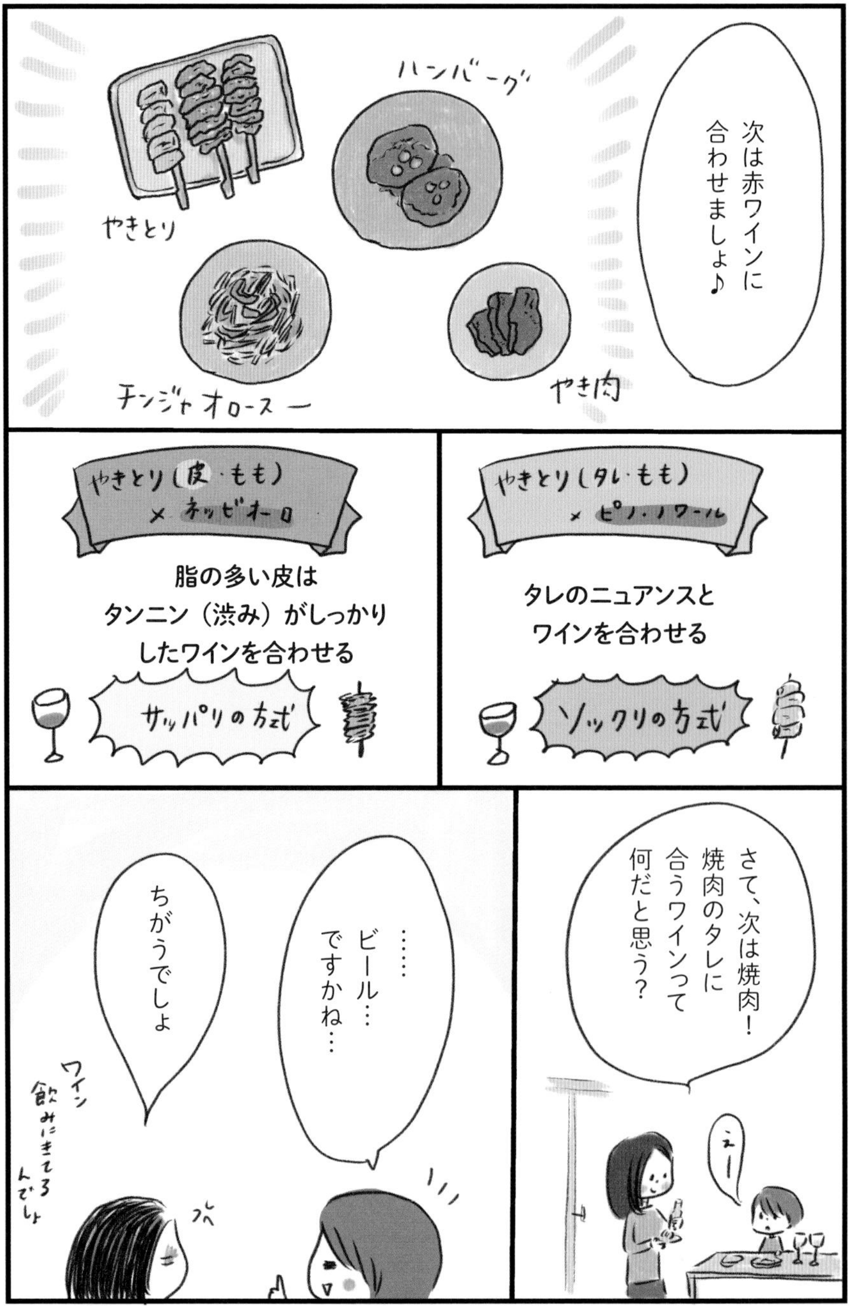
やきとり
ハンバーグ
チンジャオロースー
やき肉
やきとり(皮・もも) × ネッビオーロ
脂の多い皮は
タンニン（渋み）がしっかり
したワインを合わせる
サッパリの方式
やきとり(タレ・もも) × ピノ・ノワール
タレのニュアンスと
ワインを合わせる
ソックリの方式
さて、次は焼肉! 焼肉のタレに合うワインって何だと思う?
えー
……ビール…ですかね…
ちがうでしょ
ワイン飲みにきてるんでしょ
プヘ

豆知識　淡泊な鶏肉は白ワインを合わせることが多いが、やきとりのタレ味のようにしっかりした味付けのときは赤ワインの出番。

豆知識　「チリカベ」とも呼ばれて親しまれているチリのカベルネ・ソーヴィニヨンは、旧世界のものよりピーマンの香りが強く、チンジャオロースーにピッタリ。

マリアージュを楽しむヒント

赤ワイン編

1
ピノ・ノワールには脂身少なめの鶏肉・豚肉

例
- やきとり（むね肉・タレ）
- 醤油で味付けた唐揚げ
- ソースで食べるとんかつ

→ **ソックリの公式**

軽やかなピノ・ノワールは、甘味やうまみがしっかりしているタレやソースと相性抜群です。タンニンは少なめなので脂身が少ない鶏肉・豚肉と合わせて。

2
ネッビオーロには脂身多めの鶏肉・豚肉

例
- やきとり（皮・タレ）
- 豚ひき肉のミートソースパスタ

→ **サッパリの公式**

強い酸と強いタンニンが特徴で、脂身の多い肉料理をサッパリさせてくれます。果実味や甘みは少なくスリムなボディのため、鶏肉や豚肉との相性◎。

3
メルロには脂身が中程度の豚肉・牛肉

例
- トマトソースのハンバーグ
- 上品なタレを使った焼肉

→ **ソックリの公式**

- フィレやハラミのステーキ

→ **サッパリの公式**

果実味、酸味、タンニンともに程良く丸みのある味わいのメルロはハンバーグのような脂身が中程度の肉料理に合います。

4
カベルネ・ソーヴィニョンには脂身多めの豚肉・牛肉

例
- ピーマンの肉詰め
- 山椒を使った麻婆豆腐

→ **ソックリの公式**

- サーロインステーキ

→ **サッパリの公式**

カベルネ・ソーヴィニョンの青っぽい香りがピーマンを使った料理とピッタリ。また、豊富なタンニンで脂身の多い肉料理をサッパリさせてくれます。

5
シラー（ズ）にはスパイシーな味付けで脂身多めの豚肉・牛肉

例
- スパイシーなタレを使った焼肉
- 生姜焼き
- ソースで食べるメンチカツ

→ **ソックリの公式**

果実を煮詰めたようなジャム感とスパイシーな香りが特徴です。バーベキューソースのような甘くて濃い味付けやスパイスがきいた肉料理とベストマッチ！

赤ワインは、お肉の種類と脂身の量で合わせてみよう！

まだまだマリアージュは終わらない！

ふー
もうワインでオールジャンルいけちゃいますね
実はこれだけじゃないのよ…！
まだおわらないで!!
え!? 他にもあるの!?
まだ飲めるかな？
スパークリングワイン！「泡」よ！
じゃーん!!
ビールの出番を与えない!!
これを加えたらもう最強よ！
スパークリングワインとは…発泡性ワイン。一度アルコール発酵させた後、さらに糖分を足して発酵させる。密閉状態にしているので、発酵によって出てきた二酸化炭素は逃げ場がなく、スパークリングワインになる
しつもーん
シャンパンのことじゃないんですか？
同じかと思っていた
あらいい質問ねシャンパンは正式にはシャンパーニュといってフランスのシャンパーニュ地方で造られる泡に限るの

豆知識　スパークリングワインはイタリア語で「スプマンテ」。イタリアのプロセッコは年間５億本も生産される、世界で一番飲まれているスパークリングワイン。

世界中でよく飲まれているスパークリングワインはこの3種類ね
一番たくさん飲まれているのはプロセッコ！
カヴァ
スペイン産
個性派
プロセッコ
イタリア産
一番親しみやすい
シャンパーニュ
フランス産
お値段高め
泡って甘いイメージがあるんですが…
辛口もあるのよ
ちゃんとラベルに「ブリュット」と表記してるから見てみるといいわ
「BRUT」
＝
辛口
あと、泡は白のイメージがあるけど赤ワインの泡（ランブルスコ）もあるからマリアージュのために覚えて損はないわね
で、泡はつまり何に合いますかね
ワンよ
はやくのみたい♡
泡は…
なんにでも合うんだけど
ズバリ！油っこいものに合う

豆知識　泡には甘辛度表示があり、基本の辛口が「Brut」、さらに辛口に「Brut Nature」、「Extra Brut」がある。「Extra Dry」はやや甘口。

例えば
白の泡
×
からあげ（塩）
赤の泡
×
からあげ（醤油）
色で合わせるソックリの公式
んー
本当だ
おいしいです
もぐもぐ
酔いが回ってきた？
でももっと究極のマリアージュがあるわ…
え？
まだ…
そう…白よりも重く赤よりも軽い…
白・赤両方買わずとも1本で済む…

豆知識

カヴァは白い花やトロピカルな香りが特徴。シャンパーニュで修行したスペイン人が造り始めたため、同じ瓶内二次発酵方式で手間をかけて造られる。

それは…
カッ
※先生
ロゼ
Rose
ロゼは少しだけ赤ワインと同じように皮と種を漬け込んでちょうどいい色になったら取り出すから綺麗なピンク色なの
ロゼに合う料理はめちゃくちゃ多くて
シュウマイ 餃子 生春巻き 肉団子
ぜ…ぜんぜんおいつかない…
お好み焼きも！
さあ たーんと お飲みなさーい

豆知識

フランスでは白と赤を混ぜてロゼワインを造るのは法律でNG。黒ブドウをつぶし、皮と種を漬け込んでロゼ色になったら、取り除く方法が一般的。

もう…飲めません…
チーン
あれー もう酔ったのー?
わたしまだイケるー
あついので髪結んだ
ムクリ
いやーしかし 自炊が苦手でも お惣菜でこんなに マリアージュ できるっていいですね! それだけで人を呼んで おもてなしできちゃう
でしょ?
フゥーー!!
しかも 1000円台で 楽しめるし、 ワインの知識は 知ってて損ナシ!
マリアージュ… おいしくて 飲みすぎちゃう…
ふぁー 幸せー
そう!
それが マリアージュ!

豆知識 赤の泡の代表「ランブルスコ」もマリアージュの万能選手。イタリア北部のエミリア・ロマーニャ州のワインで普通の赤ワインよりも泡がある分サッパリ飲める。

教えて！明日香先生！⑦

シャンパーニュはどうして高級なの？

「シャンパーニュ」は高級スパークリングワインの代名詞とも言えますが、そもそも「シャンパーニュの意味ってなんだっけ？」と思われている方もいらっしゃるのではないでしょうか？

シャンパーニュはフランスの地名の1つですが、ワインのラベルに「Champagne」と記載できるのは、フランスのシャンパーニュ地方で、同国のワイン法で定められた規定を満たして造られたスパークリングワインだけと決められています。

その規定は、畑のエリア、ブドウ品種、栽培・収穫方法、製法や熟成期間に至るまで、非常に細分化されたものになっていて、すべての条件をクリアしなければシャンパーニュと名乗ることはできません。

実際に、シャンパーニュは他のスパークリングワインと比べてお値段が高いのですが、手摘みでのブドウ収穫にはじまり、実に手間暇がかけられています。

シャンパーニュの造り方の特徴は、搾ったブドウジュースをアルコール発酵させて造ったスティルワイン（発泡を呈さないワイン）を瓶詰めし、さらに瓶の中で二次発酵をさせるということ。

このとき瓶内でのアルコール発酵によってできる二酸化炭素が、そのまま液体の中に溶け込み、シャンパーニュの泡となります。つまり、シャンパーニュの泡は注入したわけではなく、醸造過程で生まれたものです。

発酵後は、澱とともに数年瓶内で熟成させます。イメージ的に「澱はすぐに除いた方がいいんじゃないの？」と思われるかもしれませんね。でも、それはちがいます。澱は役目を終えた酵母が沈殿したもので、その中にはアミノ酸などのうまみ成分がたっぷりと含まれているんです。

そのため、澱とともに寝かせることによって、ワインの味わいにうまみが加わるのと同時に、パンのイーストを思わせるような、酵母の香りが出てきます。

そうやって数年熟成したあと、澱を除き、糖分を加えるなどして味わいを調整し、シャンパーニュが完成します。シャンパーニュには様々なタイプがありますが、熟成期間についても、タイプに応じた規定があります。

なお、シャンパーニュにはノン・ヴィンテージ、つまり製造年が特定されないものが多いことをご存じでしょうか。

シャンパーニュ地方はフランスにおけるブドウ栽培地の一番北にあたる、非常に冷涼な地域なので、ブドウの出来が年によってかなりバラつきがあります。そこで、シャンパーニュ用に毎年造られたスティルワインをストックしておいて、毎年30～50種ほどのワインをアッサンブラージュ（調合）してから瓶詰めします。

そこから長い熟成を経て出荷となるので、最終的な味わいを予想しながらアッサンブラージュをおこなうというのが、造り手さんの腕の見せどころです。

ちなみに、このアッサンブラージュの技術を17世紀末に確立したのは、その当時修道院のセラーマスターだったドン・ペリニョンさんです。彼の名は高級シャンパーニュ「ドンペリ」こと「ドン・ペリニョン」にも使われています！

教えて！明日香先生！⑧

日本のワインについて知りたい！

最近、海外でも注目され始めている日本のワイン。その中には海外から輸入したブドウ果汁で造る「国産ワイン」と、国産ブドウを原料に日本国内で生産する「日本ワイン」の2種類があります。

現在は、北海道から沖縄県まで、ほぼすべての都道府県でワインが造られていて、そのうち200軒以上のワイナリーが、「日本ワイン」を造っています。

日本のワイン造りは明治初期に甲府で始まり、現シャトー・メルシャンの前身となるワイナリーの設立が1877年。昭和元年には山梨県に約320軒のワイナリーがあったというから驚きです。

日本の代表的なブドウ品種は何といっても白ブドウの「甲州」と黒ブドウの「マスカット・ベーリーA」。この2品種は、OIV（国際ブドウ・ブドウ酒機構）のリストにも載っているお墨付きのブドウ品種です。

甲州の9割以上、マスカット・ベーリーAの6割以上が、なんと山梨県で生産されています。甲州の実は、薄い藤紫色で艶やか。柑橘系の香りと、あまりとがったところのない、やさしい味わいが特徴です。柑橘系の香りも、レモンやライムというよりもかぼすやすだちといったニュアンス。

一方、マスカット・ベーリーAから造られるワインは、やや明るめのルビー色の見た目と、イチゴキャンディのような甘い香り。酸味はしっかり、タンニンは少なめでやわらかく、良質なものには出汁っぽいうまみがあります。

いずれも個性がありながらも主張が強すぎず、やさしい味わいで和食との親和性も高く、オススメのワインです。

当たり前ですが、世界で最も日本ワインを入手しやすいのは日本！　日本で開発された黒ブドウの「ブラック・クイーン」や、明治期に日本へ伝来した白ブドウの「ナイアガラ」などから様々な日本ワインが造られているので、是非楽しみましょう！

LESSON

5

もっと！
おうちでワインを
楽しみたい！

グラス選びで味わいは劇的に変わる!

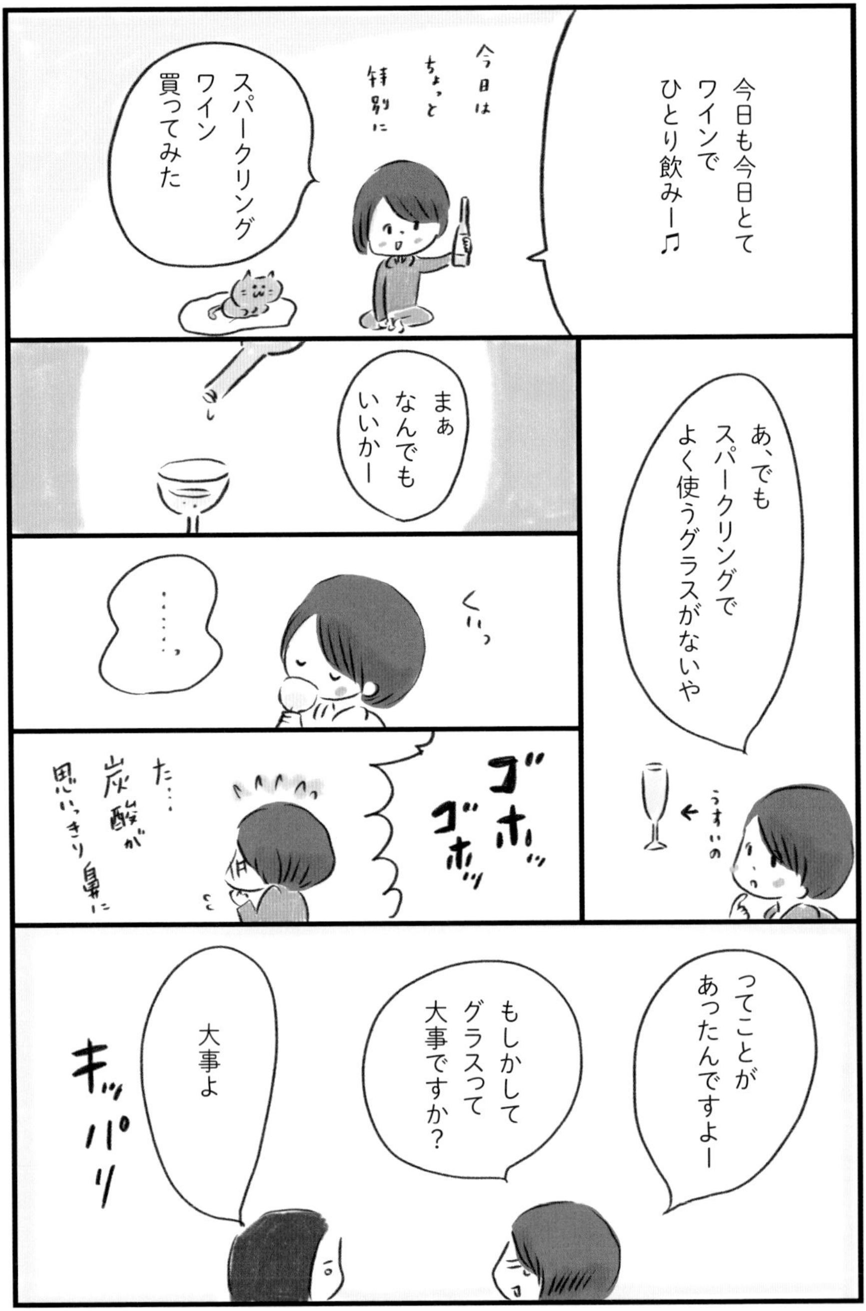
今日も今日とて ワインで ひとり飲みー♫
今日は ちょっと 特別に
スパークリング ワイン 買ってみた
あ、でも スパークリングで よく使うグラスがないや
うすいの
まぁ なんでも いいかー
くいっ
……
ゴホッ ゴホッ
た… 炭酸が 思いっきり 鼻に
ってことが あったんですよー
もしかして グラスって 大事ですか?
大事よ
キッパリ

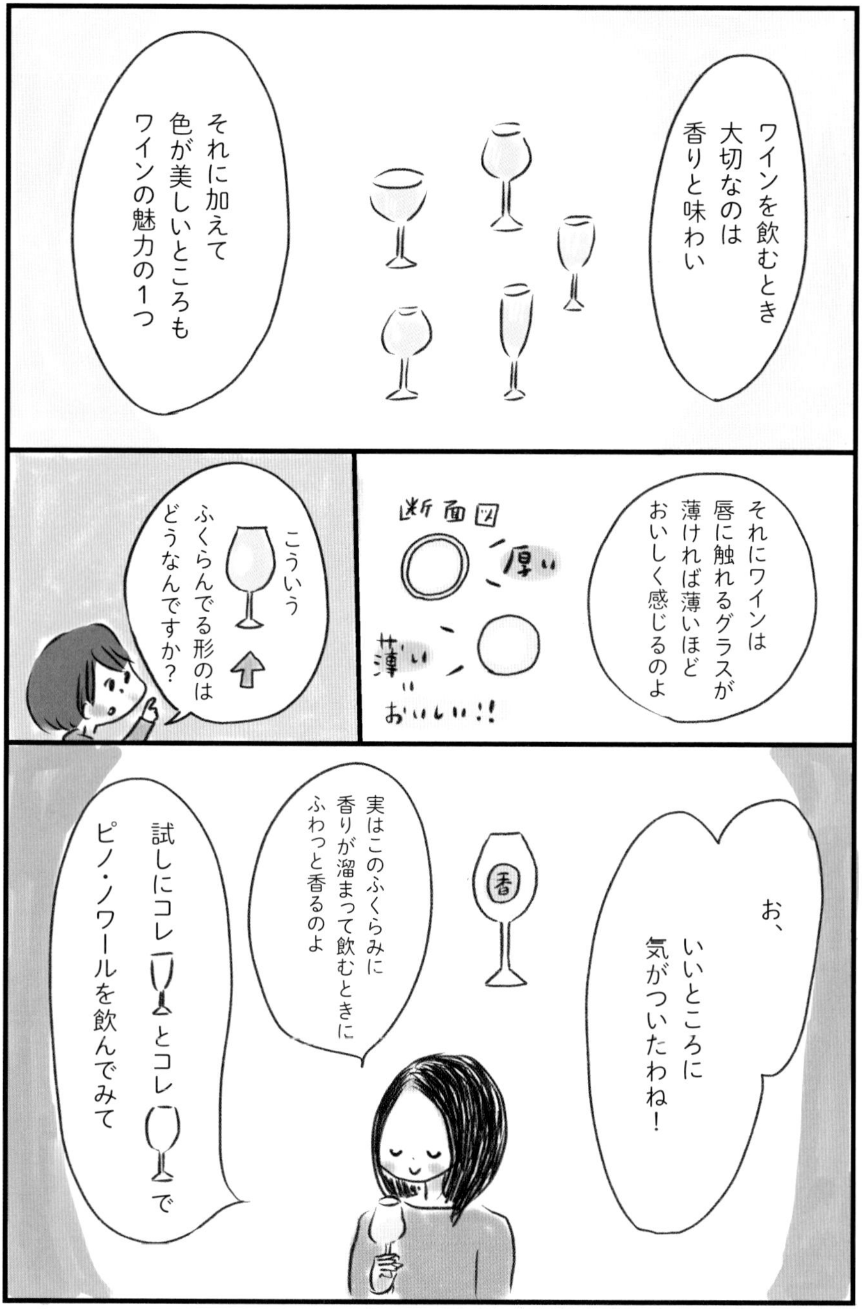

豆知識

白ワインを表現する色だけでも、レモンイエロー、麦わら色、黄金色、トパーズなどたくさんある。グラスの後ろに白い紙を当てて確認するとわかりやすい。

わ！全然違う
面白ーい！
実は今まで一緒に飲んできたのはこのテイスティング用のグラスなの
品評会ではこれを使うの
普段ワインを楽しむときはそのワインが一番おいしく飲めるグラスを使ってみて
さらに世界が広がるわよ
たのしいわよ〜
グラスの選び方のルール
冷たい温度のまま飲むワイン
＝
スマートな形
香りを楽しむワイン
＝
ふっくらした形
冷たいまま楽しみたいならスマートな形を、温度を上げて香りが広がるのを楽しみたいならふっくらした形がオススメよ
なるほど

豆知識　テイスティンググラスは国際標準規格があり、形や大きさが決まっている（容量は約 220 mℓ）。ソムリエ試験やワインの品評会でも使われる。

最初に買うべきはどのグラス？

リースリンググラス

いわゆる白ワイングラス

リースリングだけではなく、一般的な白ワイン全てに使える。
ロゼ、軽めの赤までOK。サイズが小さい分温度変化が少ないので、冷やしてごくごく飲むタイプのワインに対して使う。

シャンパーニュグラス

泡が縦にスーッとまっすぐ伸びていくので見た目にも美しい。
飲んだときにスーッと泡が入ってくる。

ブルゴーニュグラス

ピノ・ノワールなど酸味の強いワインに使うと酸味がまろやかになる。ふくらみが大きいため中に香りが溜まり、口にするときにふわっと香るため、どちらかというと華やかな香りを楽しむワインに向いている。

ボルドーグラス

カベルネ・ソーヴィニヨン、メルロなど、どちらかというとしっかりした味わいの赤ワイン用。
タンニンが強めのワインをこの形で飲むと、タンニンが柔らかく、穏やかに感じやすい。

よく使うグラスはこの4種類ね
もし1つだけ買うならオススメはリースリンググラス！白ワインから軽めの赤ワインまで幅広く使えるわ あと、ちょっと熟成した泡にも！

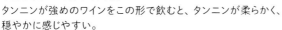

よかったー4つも一気に買うの大変ですもん
ホッ
次に買うならコレ!
シャンパーニュグラス
え、赤ワインのふっくらしたグラスじゃないんですか?
ふっくらしたグラスは「熟成」した赤ワインに使うことが多いからとりあえず自宅での優先順位は低めかな
それよりもカヴァやプロセッコのような1000円台のスパークリングワイン
これを飲むためのグラスがオススメよ
マリアージュもしやすいよねー♪

そして
シャンパーニュグラスの次に
買うとしたら
ブルゴーニュグラスね！
この3つが
あれば家庭用の
ワイングラスは完璧！
で、まだ余力があれば
ボルドーグラスを
買うといいわ
ウフフ
ループした
結局
4種類あれば
いいってこと
ですね…
1つずつ
買って楽しんで
ほしいの
わたしのオススメのグラスは
「木村硝子」というメーカーのもの
柄が短いから倒れにくくて
収納もラクチンなの
ピッコロシリーズ
値段もお手ごろだし
形も可愛いから
プレゼントにも最適よ！

保存は光・振動・温度に気を付けて

あとは温度ね
ワインは1年を通して
15℃以下に保つのがベスト
ワインセラーが一番だけど…
そんなのムリ
家のなかだと
冷蔵庫の野菜室が
ベターかな
あと飲みかけのワインの
保存にオススメなのが
ボトルの栓にもなる
ストッパー
空気を抜くタイプもある
フタをしたまま注げるタイプも!!
ポワラー
どれも
数百円で買えるわ
スパークリングワインは
翌日までに飲んだ方がいいけど、
普通の白・赤ワインだったら
1週間程度保存できるの
1WEEK
へぇ！
意外ともちますね
でもうっかり
1週間以上たっちゃったら
どうしましょう

豆知識　ワインは冷たすぎる場所で保存すると熟成がまったく進まないが、ワインボトルが入る野菜室がない場合は暑いところに置くよりも冷蔵室に入れるほうが良い。

飲みきれなかったワインの活用法

ズバリ!!
お料理に使うのよ!
バーン
アサリの白ワイン蒸し
カレーやシチューにも!
アルコールのまま楽しみたいならサングリアにしてもいいわね
フルーツたっぷり使って
あー! おいしそう!
あまくておいしいんですよねー
あれってお店だけのものかと思ってた!
飲みたーい
うーん でも具体的にどう作ればいいんだ?
先生 レシピ教えてください!
お、おう

豆知識

サングリアやヴェルモットのように果実や薬草、スパイスなどで香りや風味を付けたワインのことを「フレーヴァードワイン」という。

“フルーツごろごろ” さわやか白サングリアのレシピ

【材料】
・さわやか系白ワイン　375ml
・グレープフルーツ　１個
・パイナップルの缶詰　３カット分
・ミント　少量

1 グレープフルーツの皮をむき、フルーツを一口大にカットしてポットの中で軽く潰し、ワインを注ぐ。

2 パイン缶のシロップを加えて好みの甘みやアルコール度数に調整し、ミントを添える。

豆知識

缶詰のシロップに加えて、リンゴジュース、オレンジジュースで甘さを調整しても良い。炭酸水で割っても美味しい。

ゴクゴク飲めちゃう
フルーティー白サングリアのレシピ

【材料】
・フルーティー系白ワイン　375ml
・レモン　1個
・黄桃の缶詰　3カット分
・ミント　少量

1 レモン半個分を皮つきのままいちょう切りにする。黄桃を一口大にカットしてポットの中で軽く潰し、ワインを注ぐ。

2 レモン半個分の絞り汁で酸味を足してさわやかさを出すと◎。ミントを添えて完成。

豆知識

フルーティー系白ワインを使う場合、サングリアにふくよかさをプラスするために、缶詰のフルーツは黄桃やマンゴーを選ぶと良い。

簡単なのに本格派!!

赤サングリアのレシピ

【材料】
・軽めの赤ワイン　375ml
・オレンジ　１個
・オレンジジュース　適量
・白桃の缶詰　３カット分

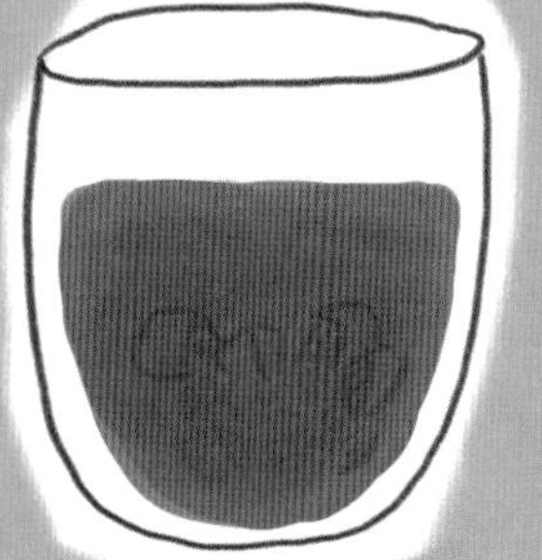

1 オレンジは皮つきのままいちょう切りにし、白桃を一口大にカットしてポットの中で軽く潰してワインを注ぐ。

2 白桃缶のシロップやオレンジジュースを加えて好みの甘みやアルコール度数に調整する。

豆知識　カシスなどのリキュールを足して風味をふくよかにするのもオススメ。重めの赤ワインの場合はオレンジジュースを多めにして軽やかに。

体が内側から温まる

ホットワインのレシピ

【材料】
・赤ワイン　375ml
・オレンジスライス　3枚
・シナモンスティック　1本
・クローヴ　4粒
・はちみつ　適量

1 小鍋に赤ワイン、シナモンスティック、クローヴ、はちみつを入れ、弱火で温める。

2 お好みでレモンスライスを入れて酸味を足したり、はちみつの量で甘みを好みに調整。

豆知識　八角のようなスイートスパイスもよく合うので加えても良い。長時間温めるとアルコールが飛ぶので、好みで調整する。

イタリア生まれの人気カクテル

スプリッツのレシピ

【材料】
・スパークリングワイン　40ml
・炭酸水　40ml
・カンパリまたはアペロール　40ml

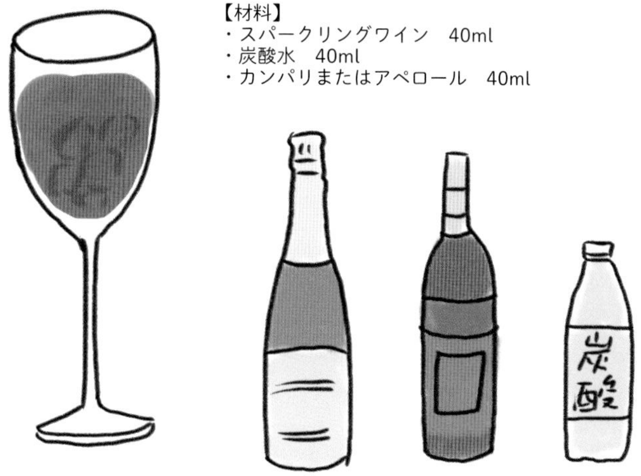
炭酸

1

３つの材料を同量ずつグラスに注ぎ、氷を入れるだけ。

ICE

お好みでレモンやオレンジのスライスや絞り汁を入れても美味しい。

豆知識　スプリッツの本場イタリアではピンに刺さったオリーヴの実がそえられることが多い。

05

ホームパーティーの心得

先生！
そろそろワインでホームパーティーを考えてて…
ガサ
ガサ
あらいいじゃない！ホスト役をしちゃうのね♡それならマストのものがあるわ
じゃーん
ソムリエナイフ〜♪
ソムリエナイフ〜
ジャーン
やっぱりこれでスマートに開けるのがオススメよ！
え
こっちのほうが簡単なんじゃ…？
なんかロボットみたいなヤツ
ソムリエナイフで開けた方がかっこいいわよ〜
サラリ
たしかにかっこいい‥
でも難しくないですか？

豆知識　ソムリエナイフの最高峰はシャトー・ラギオールというフランスのブランド。プロのソムリエはこのブランドのものを使っている場合が多い。

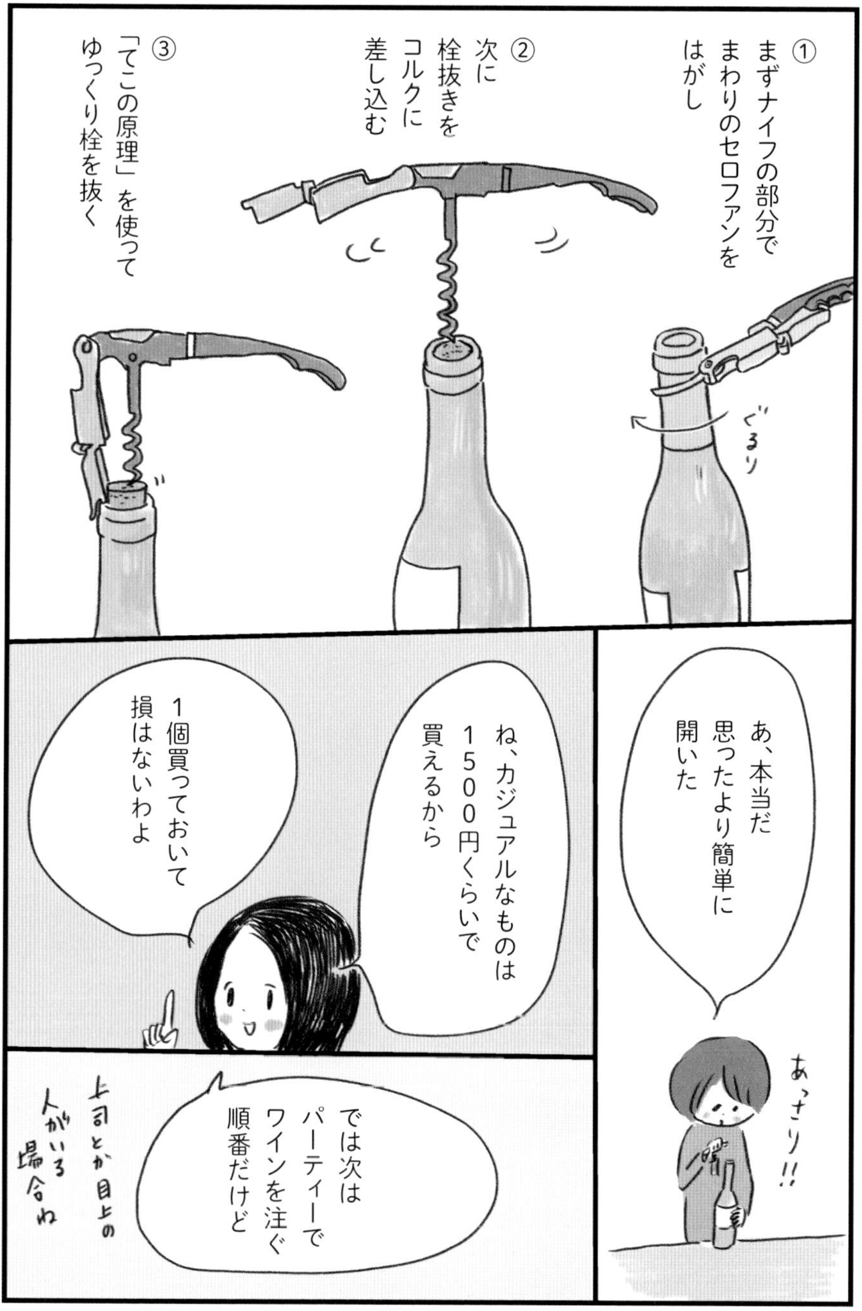
①まずナイフの部分でまわりのセロファンをはがし
ぐるり
②次に栓抜きをコルクに差し込む
③「てこの原理」を使ってゆっくり栓を抜く
あ、本当だ思ったより簡単に開いた
あっさり!!
ね、カジュアルなものは1500円くらいで買えるから
1個買っておいて損はないわよ
では次はパーティーでワインを注ぐ順番だけど
上司とか目上の人がいる場合ね

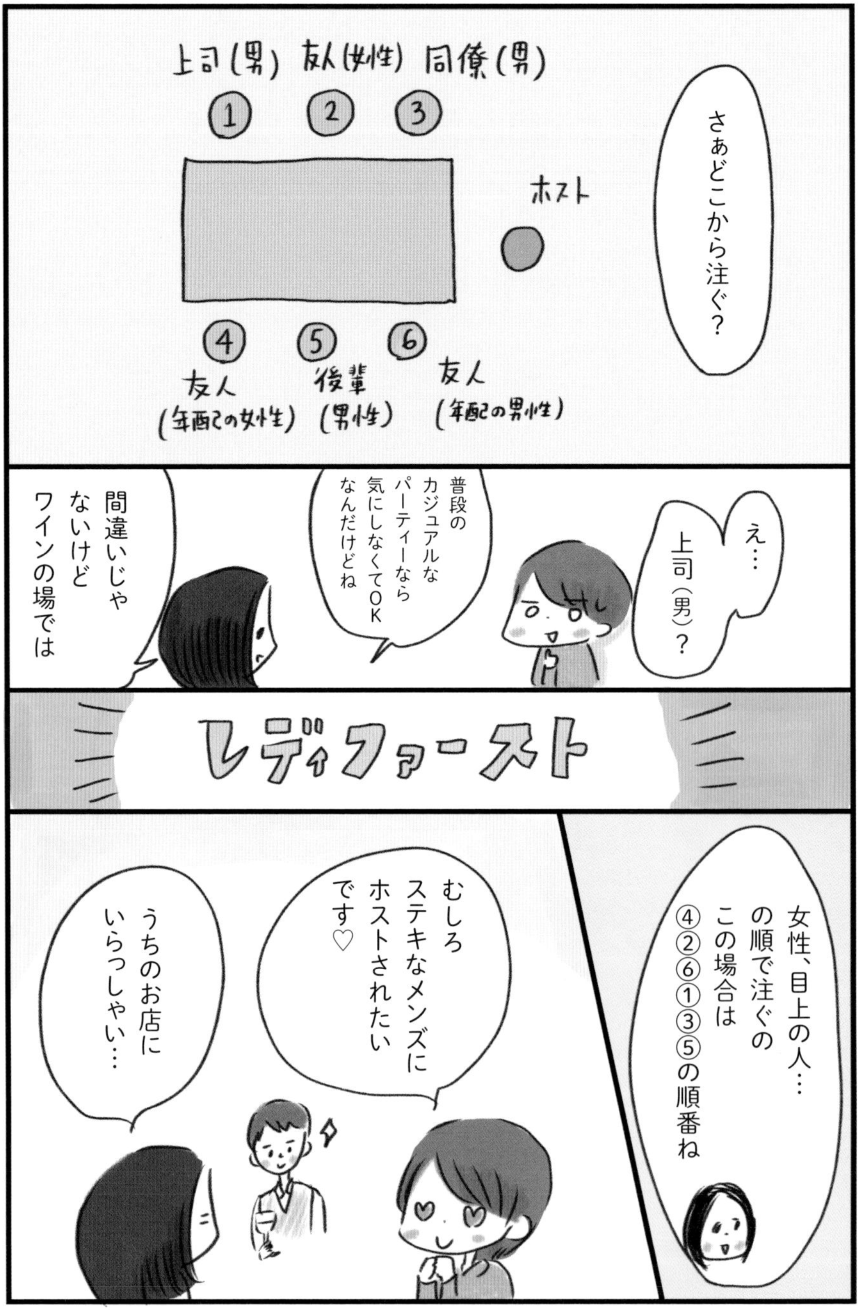
さぁどこから注ぐ？
上司（男） 友人（女性） 同僚（男）
① ② ③
ホスト
④ ⑤ ⑥
友人（年配の女性）
後輩（男性）
友人（年配の男性）
え…上司（男）？
普段のカジュアルなパーティーなら気にしなくてOKなんだけどね
間違いじゃないけどワインの場では
レディファースト
女性、目上の人…の順で注ぐのこの場合は④②⑥①③⑤の順番ね
むしろステキなメンズにホストされたいです♡
うちのお店にいらっしゃい…

豆知識

ホスト役の人が一足先にテイスティングする「ホストテイスティング」は品質の劣化やコルクの汚染による異臭（ブショネ）がないかを確認するためのもの。

では次は 注ぐ量の問題ね どれが正しいでしょうか？
1
8割
2
半分
3
ふくらみちょっと下
4
1/5
え… 高級な店ほど ちょっとだけ だから…
うーん
4？
ケチみたいに 言わないで
正解は3 グラスの一番ふくらんでいる所の 少し下ね
見た目のエレガントさと 味わいと香りのため
100ml くらい 入る
へー 意味があったんだ
ちなみに どのワインを 用意するか 決めてるの？

お土産・プレゼントにピッタリの最強ワインは…

実はそれも悩んでいて…
うーん
パーティーでこれを準備しておけば最強！
最強
?
ってのはないですか？
ってそんな都合のいいのあるわけないですよねー しかも手頃なお値段で…
あるわ…
アハ
ホームパーティーみたいに大勢でワインを飲むときに一番困ることは何？
え…えーと
おつまみとか料理の種類がたくさんあって合わせるのが難しそう…？
そう！ホームパーティーに必要なのはどんな料理にも合わせられる懐の深いワイン…

ロゼのスパークリングよ！
先生ロゼ推し!!
もっと日本人はロゼ泡を知りもっと飲むべきだと思うの!!
すごい圧力っ
な…なるほど
1000円台なら
カヴァのロゼ
3000円以上なら
フランスのスパークリングのロゼ
5000円以上なら
シャンパーニュのロゼ
と予算と相談して
使い分けるといいわね
たしかに…
1000円台
〃
CAVA
ROSE
3000円〜
〃
France
Sparkling
Rose
5000円〜
〃
Champagne
CAVA
ロゼ泡なら持ち寄りパーティーでも他の人と被らなさそう！
今度やってみます！

ワインを注いだら
いよいよ乾杯ね
グラスの持ち手
部分を持って
目の高さに
掲げて…
○
←ここもつ
×
やさしく
カンパイ!
チンッ
前にワインの
生産者さんが
言ってたんだけどね
「人は乾杯するほど
幸せになれる」
っていう名言も
あるの
私は乾杯が好きだから
ボトルを開けるたびに
乾杯してるわ
ハーイ♡

教えて！明日香先生！⑨

食事に合う「万能ワイン」はありますか？

より気軽におうちごはんに合わせやすいワインといえばロゼワインとオレンジワイン。ロゼのことを「赤でも白でもなく、中途半端」と思っている方、大間違いですよ！　特に辛口のロゼは赤と白のいいとこ取り。和食のやさしい味付けにも、中華料理やエスニックのように味がしっかりしているお料理にも合うんです。また、ロゼの泡はお肉のうまみや風味を引き立てつつ、シュワっと脂を流してくれるという特徴も。ポン酢との相性も良く、豚しゃぶとロゼは私の鉄板の組み合わせです。

　オレンジワインは白ワインの一種。白ワインは通常、皮や種を取り除いてから発酵させますが、オレンジワインの場合は赤ワインのように皮や種を一緒に漬け込んで醸します。そうすると独特な味わいと風味だけでなく、見た目もオレンジがかった色合いで濃縮感があるワインに仕上がります。

　オレンジワインは、小規模ながら世界中のワイン産地で造られています。その起源は「ワイン発祥の地」と言われ、紀元前6000年…というもはや想像できないほど古いワインの歴史を持つヨーロッパの小国、現在のジョージアにあります。当時、このエリアではブドウ果汁を皮や種と一緒に「クヴェヴリ」という素焼きの壺に入れ、地中で発酵・熟成させてワインが造られていました。

　オレンジワインもロゼと同じく、白ブドウならではのさわやかさと、皮や種に由来する力強さを兼ね備えているので、マリアージュにおいて守備範囲の広いワイン。「白だと軽すぎて物足りないけど、赤ワインでは重たすぎる…」という時にもってこい！　持ち寄りパーティーの場合、どのワインを持っていくか困ってしまいがちですが、ロゼやオレンジワインであれば外さないと思います。この2種は私にとって「究極の食中酒」または「万能ワイン」。是非お試しくださいね！

教えて！明日香先生！⑩

スクリューキャップは安いワインに使われる!?

ワインの栓といえばコルク、というイメージが一般的かと思いますが、実際のところ、スクリューキャップを使ったワインが増えています。

以前より日本酒をはじめ、瓶入り飲料などではおなじみのスクリューキャップですが、ワインの栓としては特にこの数年で一気に普及してきました。

ワインは、空気に多く接触するほど酸化が進み劣化していく傾向にあります。ただし、長期熟成型のワインは、ゆるやかに空気と接触しながら長期熟成することで酒質が向上するため、ワインの保存においてはわずかな空気接触があることが大事なポイントです。

そのわずかな空気との触れ合いをワインにもたらしてくれる栓がコルク。コルクは弾力性に富み、液体を通しにくく、腐敗にもある程度強いため、17世紀末あたりからワインの栓に使われるようになりました。

ただし、コルクの問題点として、コルク由来の異臭の発生、品質のバラツキによって起こるモレや過度な酸化が挙げられます。また、開栓時にコルクが瓶の中で折れてしまったり、くずが混入してしまったり…というリスクも。

一方、アルミニウム合金で作られているスクリューキャップは、気密性が非常に高く、簡単に開栓・再栓しやすいのが特徴。

ワインにおけるスクリューキャップの利用をいち早く一斉にはじめたのはオーストラリア。この国の主な産地の生産者たちが2000年に製造された白ワインに揃ってスクリューキャップを採用したことがきっかけとなり、利用が拡大しました。オーストラリアの他にニュージーランドでもスクリューキャップは普及していて、現在なんと99%以上のワインにスクリューキャップが使われているんです！

主にヨーロッパの高級ワインは、今でもコルク栓が大多数を占めるものの、全体的にスクリューキャップを導入する生産者は毎年増加し続けています。もはや「スクリューキャップは安いワインだけに使われる」というイメージは過去のものとなりつつあります。

レストランなどで、自分の目の前でソムリエがスマートにコルク栓を開ける姿は、それだけでも気分を上げてくれるもの。一方、スクリューキャップをクルっと回して開栓するのはなんだか味気ない気がしなくもないですが…。

天然コルクの資源にも限りがある、という観点からもコルク栓が今後劇的に増える、ということもないでしょう。なにより、おいしいワインをおいしく保管できるというのが一番ですね！

ちなみに、ワイン用に限らず、世界のコルク産業を支えているのはポルトガル。なんとポルトガルでは、世界のコルクの約50%が生産されています！

教えて！明日香先生！⑪

食後酒の楽しみ方、教えてください！

「食後酒」と聞くとどんなイメージでしょうか？　氷のうかぶ琥珀色のお酒が入ったグラスをゆっくり回しながら…と、なんだかリッチな雰囲気が浮かぶかもしれませんね。食後酒はフランス語で「Digéstif（ディジェスティフ）」。食後に、単体かデザートなどと合わせて楽しむお酒のことです。食後酒には食後酒ならではの効果があり、お口直しになると同時に、満腹状態の胃を刺激し、脂肪を溶かして消化を助け、翌朝胃がもたれるのを防いでくれます。

そもそも、ワインとお食事の組み合わせは、「軽い料理にはさわやかで軽快なワイン、味わいが強めの料理には重厚なワイン」というのが基本のひとつ。コース料理の場合、前菜などの軽めのお料理には軽めの白ワイン、メインが濃厚な肉料理であれば重めの赤ワインを合わせるなど、お料理のピークに合わせてワインを選びます。

では、しっかりお食事とワインを楽しんだ後にはどんなお酒がいいの？　ということですが、食後の余韻を会話とともにゆっくりと楽しめるような、甘味やアルコール分が高いものがオススメです。すっきりとしたいなら「少し甘めのシャンパーニュ」、まろやかながらもしっかりとしたアルコールを楽しみたいのであれば「コニャック」、「アルマニャック」といったブランデー類や「シェリー」、「ポートワイン」などはいかがでしょうか。

ちなみに、食前酒は「Apéritif（アペリティフ）」といいます。シャンパーニュやカクテルなど、胃を刺激して食欲が増し、消化を促進する効果があります。酸味や苦味を含んだもの、甘味がほどよく抑えられた、アルコール分が比較的軽いものがオススメです。レストランで、まずはシャンパーニュを飲んでから食事を楽しみ、食後はバーへ移動してブランデーを楽しむ…なんていいですよね。あとはぐっすり眠るだけ！　です。

LESSON

6

お店でワインを注文してみよう！

ちょっと大人なワインバーにチャレンジ！

本日ワインバーデビュー！
goblin
ドキドキ
西麻布…先生のお店へ…
初めてお客として…
くんかくんか
よしっ
よし香りOK
ペカー
恰好もOK
さぁイザ出陣!!
お店でワインを飲むときのマナー①
その1
香水の香りや柔軟剤の強い香りはNG
NG
マナー②
その2
洋服はお店の雰囲気に合わせる
NGのときも…
短パン
スニーカー
デニム
お店に敬意をもって!!

カラン
す…すみません…
予約したこいしです…
いらっしゃいませ
お待ちしておりましたこちらにお掛けください
ソムリエさん
お上着おあずかりします
ヒャー
キンチョーする〜
カチ
コチ
最初は何にいたしますか
キョロ
先生はいないのか…
キョロ
えっと
えーっと最初は…
カンニングペーパー
コソ
コソ

自分の好みを伝える方法 ①

予算を伝える

まずは
まずは予算伝えないと…
ん
ボラれる!?
※ボラれません
「合計○○○○円くらいで」と具体的に金額を伝えるか希望の値段のメニューを指さして「これくらいで」と伝えればOK
メニューが見当たらない…
合計…う〜ん
はっ!!
これなら
カジュアル
コスパが良い
このあたりが伝えやすい
カジュアルめなお値段でお手柔らかに…
かしこまりました
ちなみに「おいしいやつ」や「オススメ」だけだと予算以上のワインが出てくる可能性があるので注意が必要!

自分の好みを伝える方法②
何杯飲むか伝える
それからっ
えーと今日は 3杯くらいで 白と赤両方 飲みたくて…
そうしましたら 最初に スパークリングは いかがでしょうか？
シャルドネ 100%です
どうぞ…
ペカーッ
ふぁぁぁぁ
かがやいてみえる
パ
いただきます!!
ゴク
お…おいしいです…
へたーん
はぁぁ ちょっと落ちついた～

豆知識　白ブドウだけで造られたスパークリングワインは「ブラン・ド・ブラン」（ブラン＝白）、黒ブドウから造られたものは「ブラン・ド・ノワール」（ノワール＝黒）。

自分の好みを伝える方法③
ソムリエの方とコミュニケーションをとる
えーと
えーと…
はっ
名前！
お名前を教えてください！
WHAT's your name?
失礼いたしました
わたくしこういう者です
まさかの名刺！
あっ
後藤さん…ですね
こいしと申します…
深々…
お見合いかよ…
ペコ
かあああ

自分の好みを伝える方法④

知ったかぶりをしない

えーと…
次は白ワインをお願いしたいんですが…
もともと白ワインが苦手だったんですけど
リースリング飲んでおいしいなと思って…
なのでぽってりしつつもキリっとしたもので…
リースリングはどこの国のものでしたか？
……
わすれました
てへっ
ドイツかフランスかオーストラリアですかねー

白ワイン

1

軽めで酸味がキリッとしていて
飲みやすいものをください。

➡ 軽めのソーヴィニヨン・ブラン、フランス・ブルゴーニュ地方・シャブリ地区のシャルドネ、ドイツのリースリングなど

2

酸味が強くなくて、果実味が
しっかりしたワインをください。

➡ チリのシャルドネ、南仏のワインなど

3

樽はきいてなくて、酸味も果実味も
しっかりめのワインをください。

➡ フランス・アルザス地方のリースリングなど

4

重めが好きなので、ボディがしっかりで、
樽のきいたワインをください。

➡ カリフォルニアのシャルドネなど

5

こちらの○○（料理名）に
合わせて、オススメをください。

赤ワイン

1

**軽めで酸味がキリッとしていて
飲みやすいものをください。**

➡ ピノ・ノワール、マスカット・ベーリーAなど

2

**酸味が強くなくて、果実味が
しっかりしたワインをください。**

➡ ニューワールドのメルロなど

3

**スパイシーで、酸味も果実味もしっかりめの
ワインをください。**

➡ フランス・ローヌ地方のシラー、チリのカベルネ・ソーヴィニヨン、オーストラリアのシラーズなど

4

**重めが好きなので、ボディがしっかりで、
樽のきいたワインをください。**

➡ カリフォルニアのカベルネ・ソーヴィニヨン、オーストラリアのシラーズなど

5

**こちらの〇〇（料理名）に
合わせて、オススメをください。**

ソムリエさんとの会話でもっと世界が広がる

あ、あと
これに合わせた
おつまみをください
ぬかづけ
は〜!
幸せに
なってきた〜!
このぬか漬け、
ピクルスよりも
酸味がまろやかで
意外とワインに
合いますね
1杯目の泡にもピッタリ!!
ぬか漬けもワインも
発酵という共通点が
ありますから
お店でも人気ですよ
カラッ
お次の赤は
どうされますか?
え〜っと
ん〜ん〜
どうしよう
かな〜
ん〜〜
はっ

後藤さんのワインをください！
わかりました
ブルゴーニュのピノ・ノワールです
ピノ・ノワール!!
わあ！ ちょうどいい 酸味と果実味
そうなんです バランスの良いワインで まろやかな酸味と透明感と 重すぎない丸みのある果実味ですね

イベリコ豚の生ハムを添えて…
バランスがとれてるから何にでも合う感じがする
バランスマン
イヤなところがないワインですね
そうですね調和がとれていて万人受けしますね
みんなで飲むワインにもオススメ
ホームパーティーなどにもいいかも
あ
もうない…
3杯って言いましたがやっぱりもう1杯ください!
丸なげのお任せでお料理に合うもので!!
ハハハかしこまりました

こいしさーん
パチ
パチ
100点満点!
パチ
パチ
パチ
…
せ…
せんせい!?
いつからそこに
ソムリエさんとのコミュニケーションもとれてかつ自分の好みを伝えられていたわ
さいしょっからいたのよ
こいしさんどうだった?
えーと…
えーと…
いろいろお話してもらえてフランスの畑のお話とか…
国や畑で選んだり造り手でワインを選んでます

自分の好みのイメージを伝えて
それにぴったり合ったワインが出ると
答え合わせのような感じで
勉強になりました！
フランスの風
太陽
ただワインを飲むだけじゃなく
造り手さんや
土地をイメージしながら
飲んでいたかも…
ぽってり〜ん
バランス〜
ソムリエさんの話も
わかりやすくて
品種と産地を
ちょっと勉強しただけなのに
めちゃくちゃ世界が広がりました！
自己採点で１２０点です！

そうそう
おうちワインを
楽しみながら
少し学んだら
次はちょこっと
レベルアップして
お店に行って
ソムリエさんとの
会話やワインを
楽しむのも素敵よね！
SHop
あと、いろいろ教わったり話が弾んだりしたら
ソムリエさんに
よかったら1杯どうぞ
って言うのもアリよ
ありがとうございます
え〜〜〜
ハードル高すぎる

教えて！明日香先生！⑫

ソムリエってどんな資格？

「ワインのプロ」として認識されているソムリエ。そもそもソムリエとは、レストランなどでお客さんの要望に応えてワインや料理を提案するなど、ワインおよびそのサービスに関する専門職のことで、フランスやイタリアには国家資格があります。

現代のソムリエに近い仕事が見られるようになったのは19世紀のパリと言われていますが、古代ギリシャの時代には「エノホイ」と呼ばれるワインをサービスする職務の人がいて、これがソムリエの原型なのだそう。

「ソムリエ」という言葉はフランス語の男性名詞なので、女性のソムリエのことは「ソムリエール」といいます。

日本には国家資格ではありませんが、民間資格として日本ソムリエ協会（J.S.A.）と全日本ソムリエ連盟（ANSA）がそれぞれ認定する資格があります。ここでは、J.S.A.の認定ソムリエについて簡単にご紹介しましょう。

まず、ソムリエ試験を受験するには、「酒類関連全般におけるいずれかの職務経験が3年以上あり、かつ現職である」ことが必要です。

職務経験には、レストランやワインショップなどのサービス業はもちろん、酒造メーカーや輸出入関連、コンサルタント業務などが含まれます。民間資格とはいえ、厳格な受験条件があるんですね。

試験の流れとしては、ワインおよび酒類全般に関する知識を問う1次試験に続き、テイスティングと論述による2次試験、さらにサービス実技に関する3次試験があり、3次試験に合格すると正式な認定ソムリエの資格を得ることができます。

なお、酒類関連の仕事をしていなくても受験可能な「ワインエキスパート」という資格もあります。同じくJ.S.A.による資格で、試験の流れも大体同じですが、サービス実技の3次試験がありません。こちらは20歳以上の方であれば、職種・経験は不問です。ワインに興味があり、もう少し深く学びたい方などが受けられています。

私が主催しているワインスクールの資格取得講座では、このJ.S.A.のソムリエとワインエキスパート資格取得のためのレッスンを行っていますが、生徒さんのうち、ソムリエ志望の方とワインエキスパート志望の方は毎年大体半々、といったところでしょうか。

ワインは勉強すればするほど、より楽しく、よりおいしくなるお酒です。ただ、自分だけで勉強しようと思ってもなかなか続けるのは大変…。資格試験を受けることは、いいきっかけになるかもしれません。興味のある方は是非トライしてみてくださいね！

LAST

おわりに

友人の転職のお祝いに
仲間とピクニックに行くことになった
んー！いい天気！
あったかいし春だな～
まだ桜は
少し早いかな
持ち寄り
ピクニックだから
用意したもの
カヴァ
スパークリング
フランス
ブルゴーニュ
シャルドネ
“おつまみに”
チーズや軽食
こんな感じで用意してみた
あ
オース
おーす
待ってたよー

じゃじゃーん
わたしパン焼いてきたーー！
わたし自家製のぬか漬けもってきたー
バラバラかよ
でも大丈夫！全部に合うお酒用意したよーー！
じゃーーん
ロゼのスパークリング！
白・赤両方の良さがあってー
わぁ！見た目もいいね
グラスも持ってきた！
じゃあカンパイかな
あ、ちょっと待って

カンパイのマナーって「相手の目を見ること」なんだって
「あなたと仲良くなりたい」って意味があるらしいよ
フランスでは常識みたい
え! ついついグラス見ちゃうよね
知らなかった!!
そういえばグラスをカチンと当てるのってNGなの?
いつもお店で迷うの
カチン
へー
基本的にはOKだけど超高級グラスはカチンと当てなかったり…ホスト役次第らしいよ

では 転職おめでとう!
カンパイ!
カンパーイ
カンパイ
んん…
おいしい!
ロゼって 甘いかと思ってたけど そんなこと ないんだね
へー

ん～
この白もすっきりしてて
パンにも合う～♪
ブルゴーニュ地方の
シャルドネだよ
フランスの
シャルドネは
気候や土地によって
風味が全然変わるんだって
温暖な気候の
カリフォルニアの
シャルドネなんかは
太陽をいっぱい浴びて
果実味たっぷり！
カリフォルニアか～
行きたいーい！
フランスも
憧れるなぁ…！
いいワインだね～！
いい香り～

サァァァッ…

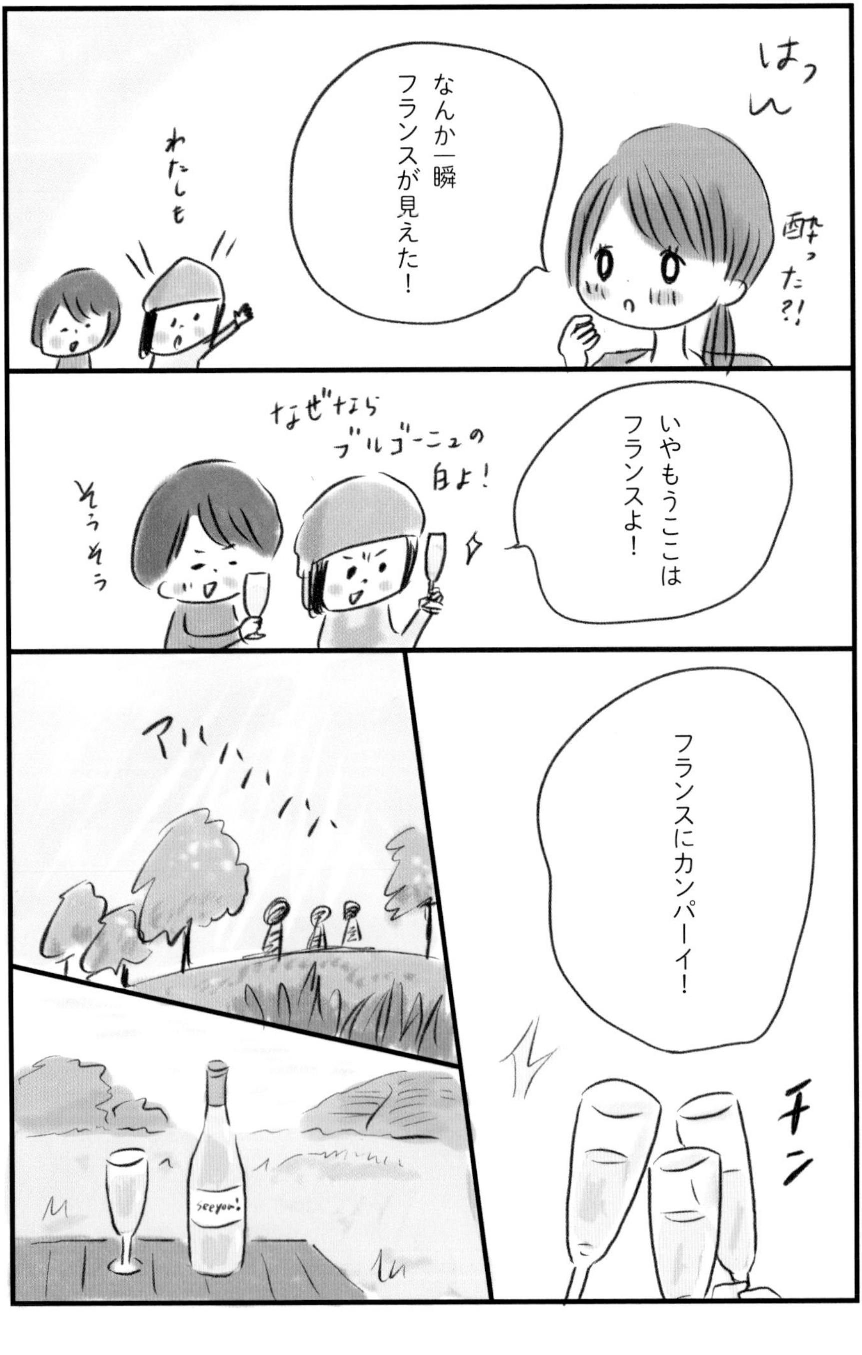

はっ
ん
酔った?!
なんか一瞬
フランスが見えた!
わたしも
いやもうここは
フランスよ!
なぜなら
ブルゴーニュの
白よ!
そうそう
フランスにカンパーイ!
チン
アハハハハ
see you!

Afterword

わたしがワインの本当のすごさを知ったのは、大学4年生のときでした。

ささやかなお祝いをするからと教授の自宅でパーティーが開かれ、そこでわたしたちが生まれた年に造られた赤ワインを出してくれたのです。その一口の衝撃が今でも忘れられません。

ワイングラスを口に近づけた瞬間の香り、舌にのせたときの広がりを感じ、それを飲み込んだあともそれぞれの景色が見えたような気がしました。ドラえもんのタイムマシンのように、タイムトンネルを抜けたような。余韻の広がりとあまりのおいしさに恍惚としたことを覚えてます。

あれから10年以上が経ち、日本酒などは嗜みますが、ワインだけは相変わらずよくわかっていませんでした。また、少し高価な気がして手を出せずにいました。ですが、この本を作るにあたって明日香先生のお店や自宅でたくさんのワインを飲ませていただき、実は値段が絶対ではないということが本当にわかりました。今はシャルドネの面白さにハマっています。

嘘のようですが、お酒に対しての考え方も変わりました。ワインの魅力に気づくと同時に、適当にお酒を選んで飲むことがなくなりました。丁寧に造られたお酒をおいしく飲むことが自分にとっての幸せなんだと気づいたのはとても大きかったと思います。

この本ではカットしてしまいましたが、明日香先生が「香りに包まれて寝るのが好き」と取材中に言っていた言葉、最初はピンとこなかったのですが、今では「飲みたい」よりも「ワインの香りに包まれたい！」という言葉が適切なのかもしれないと思うほどになりました。香りは想像力と記憶の根源みたいなものなんでしょうか。いいワインは土地と気候を感じさせてくれます。自然を感じてイメージしながら飲むワイン、そんなワインにまた出合いたいなぁと思うのです。

こんな幸せなことを知るきっかけを与えてくれた編集の渡邊さん、そしてとてもわかりやすく、楽しく一緒にワインを飲んで教えてくれた明日香先生、他皆様方、本当にありがとうございました。

乾杯！

こいしゆうか

改めまして、みなさんこんにちは！　杉山明日香です。『先生、ワインはじめたいです！』を手に取っていただき、ありがとうございました。

私がワイン研究家として、ワインスクールの主宰のほか書籍やコラムの執筆を始めてかれこれ10数年以上となりますが、今回のようにマンガでワインレッスンを、というのは初めてです。こいしゆうかさんのかわいくて楽しいマンガで、この奥深いワインの世界の入り口を読者のみなさまに優しく、面白くご案内できればとても嬉しいです。

この仕事を長くしていてよく聞くのが、「ワインを飲むのは大好きだから詳しくなりたいけど、どこから手をつけていいのかわからないし難しそう」ということ。ソムリエのような「ワインのプロ」になりたいわけではないけれど、そもそもワインの種類が多すぎて、もうなにがなんだか、というわけです。

白・ロゼ・赤・泡にはじまり、オールドワールドとニューワールド、ブルゴーニュにボルドーなど国も地方もたくさんあります。そこへさらに、シャルドネやらリースリングやらカベルネ・ソーヴィニヨンやら多くのブドウ品種が組み合わされ、ワインのパターンはとても数えきれるものではありません。「ついついなじみのワインばかりになっちゃって…」というこいしさんのような方、実際に多いのではないでしょうか。

レッスンの中で、こいしさんのワイン選びは「主にチリカベ」から白・赤それぞれ個性あるブドウ品種、ニューワールドとオールドワールドの違いを知って、さらにロゼや泡…と広がっていきます。決して多くを頭で暗記してきたのではなく、その都度飲んでお料理と合わせて楽しみながら知っていく過程を、本書を読んでくださったみなさんも実際に感じ、楽しんでいただければ！

私がいつも言っていることなのですが、ワインは「知ることでより楽しく、よりおいしくなるお酒」です。ひとりごはんも、友人や家族とのディナーも、素敵なマリアージュがあればお料理のおいしさも増してより会話が弾むこと間違いなし！　いろんな組み合わせを試していくうちに、自分にとって「これは最高！」というマリアージュを見つけたときはちょっとした感動がありますよ。

ワインは怖くない！　ぜひ気軽に楽しんで、ワインバーなどのお店へも足を運んでみてくださいね

杉山明日香

こいしゆうか

イラストレーター、エッセイ漫画家。
また、キャンプコーディネーターとしてプロダクトデザインや、ラジオ、テレビ出演など活動している。著書に『カメラはじめます!』『私でもスパイスカレー作れました!』(ともにサンクチュアリ出版)『Let' sゆるポタライフ』(山と渓谷社)『スマホ使いこなしてる?』(マガジンハウス)など。

杉山明日香(すぎやま・あすか)

東京生まれ、唐津育ち。理論物理学博士・ワイン研究家。
有名進学予備校の数学講師として教壇に立つかたわら、ワインスクール「ASUKA L'ecole du Vin」を主宰。「Aux Trois Soleils」ではワイン、日本酒の輸出入業を行う。西麻布でワインバー&レストラン「ゴブリン」を、続いてパリでレストラン「ENYAA Sake & Champagne」をプロデュースするなど、ワインや日本酒の関連業務に多く携わる。著書に『受験のプロに教わる　ソムリエ試験対策講座』(リトルモア)『ワインの授業フランス編』(イースト・プレス)など。

先《せん》生《せい》、ワインはじめたいです!

2020年5月1日　第1刷発行

著者　こいしゆうか
先生　杉《すぎ》山《やま》明《あ》日《す》香《か》

発行者　佐藤 靖
発行所　大《だい》和《わ》書房
〒112-0014 東京都文京区関口1-33-4
電話 03-3203-4511

ブックデザイン　山田知子 (chichols)
編集協力　林竜平　黒木麻子
取材協力　ワインバー&レストラン「ゴブリン」のみなさま
校正　円水社
編集担当　渡邊真彩
本文印刷　光邦
カバー印刷　歩プロセス
製本所　ナショナル製本

ISBN 978-4-479-78505-7

http://www.daiwashobo.co.jp